在大战大考中淬炼初心使命

——"弘扬伟大建党精神　讲好水利防汛故事"征文作品集

水利部精神文明建设指导委员会办公室
中国水利职工思想政治工作研究会　　编
中国水利文学艺术协会

黄 河 水 利 出 版 社
· 郑 州 ·

内 容 提 要

为积极反映水利系统各级单位及广大水利干部职工传承和发扬抗洪精神、在2021年防汛抗洪中总结出的典型做法、涌现出的模范人物和感人事迹、展现出的精神风貌,在水利部精神文明建设指导委员会办公室的指导下,中国水利职工思想政治工作研究会联合中国水利文学艺术协会,面向水利系统开展了"弘扬伟大建党精神 讲好水利防汛故事"征文活动,得到各单位的积极响应。经专家评选,将其中有代表性的文章择优结集出版,供水利系统干部职工交流学习。

图书在版编目(CIP)数据

在大战大考中淬炼初心使命:"弘扬伟大建党精神
讲好水利防汛故事"征文作品集/水利部精神文明建
设指导委员会办公室,中国水利职工思想政治工作研究会,
中国水利文学艺术协会编.—郑州:黄河水利出版社,
2022.11
ISBN 978-7-5509-3450-4

Ⅰ.①在… Ⅱ.①水…②中…③中… Ⅲ.①中国文
学-当代文学-作品综合集 Ⅳ.①I217.1

中国版本图书馆 CIP 数据核字(2022)第 216853 号

组稿编辑:岳晓娟 电话:0371-66020903 E-mail:2250150882@qq.com

出 版 社:黄河水利出版社 网址:www.yrcp.com
地址:河南省郑州市顺河路黄委会综合楼 14 层 邮政编码:450003
发行单位:黄河水利出版社
发行部电话:0371-66026940、66020550、66028024、66022620(传真)
E-mail:hhslcbs@126.com
承印单位:河南匠之心印刷有限公司
开本:890 mm×1 240 mm 1/16
印张:21.5
字数:224 千字
版次:2022 年 11 月第 1 版 印次:2022 年 11 月第 1 次印刷
定价:69.00 元

《在大战大考中淬练初心使命——"弘扬伟大建党精神 讲好水利防汛故事"征文作品集》编委会

主　　编　张向群　罗湘成　刘学钊　张仁杰

副主编　王卫国　郑宇辉　凌先有

成　　员　况黎丹　蔡志强　雷伟伟　司毅兵

　　　　　赵学儒　陈烨萱　苟　婷

序　言

　　2021 年是中国共产党成立 100 周年。习近平总书记在庆祝中国共产党成立 100 周年大会上发表重要讲话，精辟概括了"坚持真理、坚守理想，践行初心、担当使命，不怕牺牲、英勇斗争，对党忠诚、不负人民"的伟大建党精神，这是中国共产党的精神之源，是党团结带领人民在奋勇前进中战胜困难和挑战，不断创造奇迹与辉煌的强大精神动力。

　　历史川流不息，精神代代相传。我国是世界上水旱灾害最严重、防御难度最大的国家之一。防汛抗旱是水利部门的天职，是必须牢牢扛起的政治责任。2021 年，我国水旱灾害多发重发，一些流域的雨情、汛情、旱情历史罕见。"汛情就是命令，抗洪就是责任"。面对持续时间长、洪水量级大、防御战线长的严峻洪涝灾害形势，各级水利部门牢记"国之大者"，把防汛作为重大政治责任和头等大事来抓，坚持人民至上、生命至上，水利部干部职工更是全员取消休假，奋力投入大战大考，全力以赴打赢抗击严重水旱灾害硬仗，取得水旱灾害防御的全面胜利，以实际行动践行了"把保障人民群众生命财产安全放在第一位"的庄严使命。这是水利人弘扬伟大建党精神，走好新的赶考之路的生动实践。

　　为深入学习贯彻习近平总书记"七一"重要讲话精神，贯彻落实《关于新时代加强和改进思想政治工作的意见》，扎实推进党史学习教育，积极反映水利系统各级单位及广大水利干部职工传承和发扬抗洪精神、在 2021 年防汛抗洪中总结出的典型做法、涌现出的模范人物和感人事迹、展现出的精神风貌，在水利部精神文明建设指导委员会办公室的指导下，中国水利职工思想政治工作研究会联合中国水利文学艺术协会，面向水利系统开展了"弘扬伟大建党精神　讲好水利防汛故事"征文活动，得到各单位的积极响应，共收到征文 200 余篇。经专家评选，现将其中具有代表性的文章择优结集出版，供大家交流学习。希望通过这种方式，为讲好水利故事、传播水利声音、促进水利精神文明建设、推动新阶段水利高质量发展贡献积极力量。

本书编委会

2022 年 9 月

目　录

序　言

洪水不退　我们不退

——聊城黄河河务局鏖战黄河中下游
秋汛洪水纪实

山东黄河河务局　聊城黄河河务局

洪流滚滚,裹挟着泥沙浩浩荡荡,一泻千里;惊涛拍岸,巍巍百里金堤屹立不倒,拥水入怀。

暴雨不停,河水陡涨,洪水接踵而来,一轮又一轮侵袭,一浪比一浪猛烈,汛情、险情频频传报:

金堤河告急! 9 月 21 日,河水漫过水尺那一道红色标记——超警戒水位,金堤河经历 2010 年以来最大流量过程;9 月 28 日 4 时,范县站更是达到今年最大流量 280 立方米每秒,超警戒水位 0.99 米。

黄河告急! 艾山站流量自 9 月 30 日 14 时达到 5 000 立方米每秒以来,河道持续处于大流量行洪状态,期间,10 月 5 日 11 时更是达到了 5 370 立方米每秒,超警戒水位 0.25 米,为 1989 年以来最大洪峰流量。

"双线"作战,两路"夹击",与时间赛跑、与洪水鏖战,聊城黄河人夜雨听涛,虹灯逐浪,用行动谱写了一幅河上"战洪图"。

金堤之战

2021 年 9 月下旬,金堤河流域,黑云翻墨,白雨跳珠。

霜降后,斗指戌,放羊的老人站在大堤上,望着涌涨的金堤河水,喃喃地说:"天漏了,老天漏了!"连日来,耳朵里塞满了暴雨的消息。金堤河的天空,犹如被捅漏,先后迎来几次强降雨,水位暴涨。

作为黄河下游一条重要支流。金堤河上有 12 个市县涝水下泄压境,下有黄河水出流顶托。上压下顶,洪涝重叠,重压之下,声声告急。

雨水情就是"集结号",面对来势汹汹的暴雨洪水,严阵以待,"这既是对金堤河干流河道治理工程的考验,更是对落实各项防汛责任的检验。"该局(聊城黄河河务局,下同)局长王新波的话掷地有声。

以"汛"为令,自 9 月 20 日起,该局明确每日由一名局领导带领工作组直插一线,督查北金堤防汛工作,同时,加强与驻地应急、气象、水利等部门信息共享,及时向聊城市防汛指挥部(简称防指)通报有关情况。

9 月 23 日 9 时,聊城市启动防汛Ⅲ级应急响应。旋即,该局启动防御大洪水运行工作机制,综合调度、水情观测、工情观测三个职能组全员集结到位;一线巡查人员严格按照班坝责任制对责任坝段进行全覆盖、无死角、无盲区巡查。

都说"金堤河之险险在下游"。有人补了一句:"灾在台前县城"。内涝水汇集在金堤河末端,河水穿城而过,仅被南、

北小堤防护的台前县,防守压力持续吃紧,内涝水外排刻不
容缓。

作为排泄金堤河涝水入黄的关键,张庄入黄闸这道"黄金
分割线"一直是关注的重点,该局充分利用黄河洪水来临前的
"窗口期",密切注视"金黄"水位差,积极对接有关单位加快
洪水外排入黄,尽最大努力降低金堤河水位。

汛情仍在发展,暴雨仍在持续! 9 月 24 日至 25 日,聊城
市的降雨量达到 6.4 亿立方米,相当于位山引黄闸一年的引
水量,而最大的降水点直指金堤河所在的莘县古云、樱桃园
等地。

关键时刻,王新波再次带领有关部门负责人冒雨蹚水到
北金堤防守重点区域和沿岸督导检查防汛工作。一路奔波,
只为肩上那份责任。

向水而行,与水位涨速赛跑。9 月 26 日,该局召开防汛
紧急会商,兵分两路,一路由班子成员轮流带队,每日驻守一
线督导洪水防御工作;另一路派出两个督导组,分赴阳谷、莘
县黄河河务局一线驻守,对北金堤全线进行工程巡查。

深化联防联动,拉紧协作链条,积极与地方政府沟通协
调,做好群防队伍上堤驻守工作,阳谷县防指安排 564 人的群
防队伍上堤防守,莘县防汛抗旱指挥部(简称防指)安排 4 个
乡镇 120 名群众上堤防守,市、县局下沉人员和群防队伍一
起。一时间,无论男女老少,都在河岸大堤上严阵以待。

上下联动,左右协同,各级班子深入一线,靠前指挥;党员
干部逆水而行,坚守阵地;干群携手无畏风雨,负重前行,共同
筑就了防汛抗洪的坚实"大坝",金堤之战有备无患。

战之黄河

闪电划破黑夜,雷声震天动地,大雨如泼如泄,汛情升级!

金堤河的洪水尚未消退。9 月 27 日,黄河编号洪水携雨而来,9 天之内,连续 3 场洪水,来势汹汹,以桀骜不驯之势在河道内翻腾。

面临一手防黄河,一手防金堤河"双线"作战的严峻局面,黄河干支流洪水叠加东平湖泄水和金堤河排涝,黄河艾山卡口经历"三线汇流"考验,洪水一股脑儿向这个黄河下游最窄处涌入!

汛情牵动着黄河人的心。面对来势凶猛的洪水,9 月 27 日,该局全面启动防御大洪水运行机制,取消国庆节假日休假,各职能组迅速到岗到位,一线吹哨,机关报到,市、县局机关 84 人下沉一线,共同参与巡查值守。

"黄河艾山站流量自 9 月 30 日 14 时 28 分达到 5 000 立方米每秒后,黄河艾山站 5 000 立方米每秒以上流量已持续 10 天以上,黄河秋汛防御形势极为复杂严峻。"王新波在防御秋季洪水会商时字字铿锵,"我局防汛工作到了最关键的时刻!"

非常考验需制胜之招。

在机关,该局密切关注河势演进变化,滚动会商,时刻关注雨水情变化情况,每日向聊城市防指通报黄河汛情,提高预报精度,当好地方行政首长的参谋助手,为防汛指挥决策提供技术支撑。

在一线,百里长堤之上的警戒线已经布满,巡堤查险、河势查勘、车辆劝导、游人劝离……大河汤汤东流,栾花绚烂与浊浪滔滔,大堤上逆光里走来的橙红色的模样最是鲜明。

大堤上红旗招展,机器轰鸣,往来穿梭,随处可见工程加固的施工场景,抛石筑基,强根护堤。该局安排施工机械对重点防守工程进行抛石加固,随着一辆辆长臂挖掘机扬起将巨石抛投而下,1.5万立方米备防石被投入滚滚急流,大河又多了一分安稳。

洪水是一场大考,考验的是防汛抗洪的综合实力。

抢险力量如何部署、巡堤人员轮换情况、根石加固进度怎样……局班子成员马不停蹄奔赴防汛重点部位,督查防汛工作,为奋战一线的职工送去关怀和慰问。各单位负责人靠前指挥、以上率下,大大提振了士气。

一时间,"到防汛一线去,洪水不退,我们不退"成为聊城黄河人的铮铮誓言。他们当中有"久经沙场"即将退休的"老黄河",有主动请战的党员干部,有经验丰富的技术人员,有视险情如战场的退伍军人,有新婚燕尔的"夫妻档",有刚入职的青年学生……

就这样,驻守一线,沿河一道坝一道坝地巡查,每个坝头都留下了他们坚实的足迹。

"专业巡查队伍与群防队伍按照1:3的比例,联合群防队伍一同巡堤查险,每日投入近500名黄河职工、1 500余名群防队伍开展巡堤查险和滩区防守等工作,落实技术专责人员170余名、专业机动抢险人员30名,及时指导工程巡查和险情抢护。"该局防汛办公室(简称"防办")主任张伟告诉笔者。

昼夜坚守,人轮换上,泵不熄火,聊城黄河人与汛情"较上了劲",手握利剑,直面挑战,全力护佑大河安澜。

星辰相伴

日夜的驻守,换来的是一方百姓的平安。

10月1日12时,在东阿黄河河务局牛店管理段,段长张静正一路小跑。原来,他是去查看经过一夜抢护的周门前险工。

彻夜鏖战,张静嗓子沙哑,一脸疲劳。9月30日下午,张静和管理段职工周广伟在巡察时发现,周门前险工根石可能出现走失,两人从17时开始,轮替驻守在此观察险情变化,20时,确定是根石坍塌,便第一时间上报东阿县防指黄河防办,连夜开展抢护工作,直到10月1日12时完成抢护任务,期间,张静一直驻守于此,到现在还没有合眼。

"守堤有我,请党放心!"暴雨肆虐时,大堤上、泥水中,到处是力战洪魔的"黄河橙",咆哮洪水中,10月2日16时,东阿黄河位山控导处洪水即将超过控导顶面高程,聊城黄河专业机动抢险队迅速集结,一把把铁锹不停地挥动,一堆堆沙袋不断地垒起,吆喝声、碰撞声此起彼伏,经过7个小时的奋战,在洪峰浪尖用不屈的脊梁筑起了一道"护民堤"。

东阿黄河艾山卡口处,上空乌云笼罩,下方黄水滔滔。

扎帐篷驻守在井圈险工的大桥管理段段长郝荣安,在日常巡查时往往健步如飞、雷厉风行,私下里和大家交谈时他却略带几分腼腆。站在一旁的东阿黄河河务局防办主任腾克营调侃道:"他晒得是真黑。"简单的几个字,背后饱含郝荣安对黄河负责、对人民负责的担当和使命。

不远处,是大桥管理段的职工井长虹,正在给下沉一线的机关干部普及巡堤查险的知识,郝荣安扯着沙哑的喉咙把他喊了过来,让他尽快回去休息。

"我现在不困,凌晨3时,段长让我回去睡了两三个小时。"井长虹指着一旁的帐篷说。在日常巡查驻守的同时,他还承担了为沿黄群防队伍讲授巡坝查险、抢险知识的任务。

10月5日晚,在东阿黄河南桥险工处的驻守帐篷,密集的雨珠不停地击打帐篷,帐篷里的灯泡被冷风吹的摇摇晃晃,市局机关下沉职工刘冲脱下鞋子,由于长时间在大雨中,即使穿着防水靴、雨衣,鞋子里还是灌满了水,等休息时脱下鞋子,袜子和脚已经紧紧粘在一起。

"慢点慢点,再往前走点,看看下面什么情况。"10月6日,在阳谷县黄河河务局莲花池险工,夜幕下,只见4名身着橘红色救生服的管理段职工在堤坡上依次排开。身上绑着安全绳、手里拿着探摸杆的是陈守一,他熟练地将探摸杆探入水底,查看根石是否有变化。"根石情况比想象的要好一些。"探测完根石后,陈守一长舒了一口气。

沿堤前行,堤上不时有巡查车辆呼啸而过,不时有巡堤人忙碌的身影。

在莘县黄河河务局樱桃园管理段姬楼险工,作为一名上任不足一个月的女段长,鲁静正拿着铁锨沿背水面堤脚徒步查险。

空气湿冷,道路泥泞,让整个查险过程多了几分煎熬。大家前进着,双眼紧盯前方,就怕稍有不慎而摔倒。"如果发生有水往外渗的情况,有可能是管涌或者散浸,必须第一时间汇报。""鲁大师"(鲁静)笑着说。尽管大堤上条件艰苦,却没有一个人当"逃兵"。

夜里,远眺黄河大堤,每隔几十米便有灯光交相闪烁。走近才发现,堤上探照灯与防汛值守屋的灯光交相呼应,闪烁着点点光芒。

情满大河

同样的洪水,不一样的景象。当超过1989年的洪水奔涌而来之际,笔者从驰行百里长堤追寻洪峰、千人上堤防守的壮景和紧张忙碌中,看到更多的是前所未有的自信与从容。

有人前方彻夜值守大堤,有人后方挑灯夜战、连线会商,心里记挂大河安澜,昼夜无眠。

风云变幻、雨急洪骤。正是靠着每日会商研判、适时精准调度,通过预置抢险力量、备足抢险设备、提前抢排涝水、水闸科学分洪等一系列措施,为夺取抗洪胜利争取了主动。

与时间赛跑,与洪魔抗争,与恶浪比力,在这场抗击历史罕见的洪水战斗中,各级领导干部闻汛而动,冒风雨、踏泥泞,倾力支援、向险而行,赶赴协助指导洪水防御和险情处置工作。

"值班室就是我们的家。职能组都是在这里24小时值班,吃住在岗,时刻关注雨情水情、工情险情。"张伟说这话时,其实已牙疼得张不开嘴。

在这里,一场场没有硝烟的战争打响。对于他们来说,眼下的工作是对细心和耐心的考验,更是责任和担当的体现。

10月8日,墙上的钟表时针指向凌晨,防汛值班室依旧灯火通明,这个夜才刚刚开始,各职能组成员坚守在各自的岗位上,没有一丝松懈,值班室激烈的讨论声、键盘的敲击声、不断响起的电话铃声、打印机吱吱的声音,回响在整个走廊中。

大家都事不避难、义不逃责,舍小家为大家,书写着一个个以生命护佑生命的感人故事。

各职能组通力协作,综合组调度指挥,水情组数据支撑,工情组分析预测,督查组技术指导,政宣组营造声势,保障组备齐物资,各司其职、各负其责,各项工作有条不紊。

与时间赛跑,与汛情对战。在这场特殊的战斗中,该局从机关各科室抽调年轻职工进入各职能组,充分发挥了主力军作用,一条条数据、一份份传真、一张张报告的背后,承载了他们日夜坚守的辛勤付出。

综合组的时忠伟手机闹铃上设满了长长的一条数字,通宵值班,会提前半小时定铃,闹铃一响,立马打起精神,用冷水冲把脸,守在电话旁。工情组的朱让连着几天整理河势、预加固、串沟堵复、堤防偎水等,一头闷倒在值班室,爬起来再干;水情组的高迪,顾不上照顾家里刚出生的孩子,一条条水情信息传递,化解了值守的疲惫……

物资保障组紧急采购100件雨衣、雨靴和300余件保暖大衣,安排车辆,连夜送达一线管理段所。王新波赴各管理段所巡查一线,看望慰问基层职工和下沉人员,为他们送去慰问品和药品。

　　智者运筹帷幄,能者转战千里。强分析、准预报、精调度, 10 月 10 日,该局在对河道大流量准确计算分析的基础上,报经山东省防汛抗旱指挥部批准,开启位山引黄闸应急分洪,下游洪水压力得以减轻。

　　上下一心,聊城黄河人用钢铁的意志筑墙,水里泥里奔忙,风中雨中守望,将一曲抗洪的战歌奏响在万顷波涛之上,勇挑重担、力挽狂澜,用智慧和汗水撑起大河安澜之基!

　　事实证明,正是以万全之准备应对万一之可能,"洪水不死人、滩区不漫滩、工程不垮坝、河势不突变"的目标初步达成。

　　长缨在手,敢缚苍龙。降雨还在持续,洪水还在演进,战斗远未结束,聊城黄河全体干部职工将继续坚守岗位,与时间赛跑,与洪水博弈,与风雨为伍,与地方携手,在考验中诠释责任与担当,为守护大河安澜保驾护航。"洪水不退,我们不退",正是他们的誓言和行动。

（撰稿人:毕经涛）

"革命加拼命"　抗洪立奇功

黑龙江省水利水电勘测设计研究院

2021 年 2 月 20 日,习近平总书记在党史学习教育动员大会上强调,开展党史学习教育要突出重点,其中要进一步发扬包括"抗洪精神"在内的"革命加拼命的强大精神"……

2021 年 6 月中旬,黑龙江省大兴安岭、齐齐哈尔西部降大到暴雨,其中,碾子山区、甘南县、漠河县、塔河县、呼玛县、呼中区、新林区、加格达奇区累计雨量在 50—100 毫米,局部累计降雨超过 100 毫米,累计最大降雨为新林区宏图镇前进林场 159.4 毫米。本次降雨过程发生暴雨 77 站次,大暴雨 1 站次,最大日降雨为龙江县七棵树镇七棵树村 104.5 毫米。受此次降雨影响,6 月 18 日 7 时,黑龙江支流盘古河盘古水文站出现洪峰,洪峰水位 100.60 米,为 1986 年建站以来第一位洪峰;6 月 18 日 3 时,嫩江支流多布库尔河松岭水文站出现洪峰,洪峰水位 102.20 米,流量 1 090 立方米每秒……

领导靠"前"指挥　凝聚强大的力量

6 月 19 日,黑龙江省人民政府防汛抗旱指挥部办公室下发通知,决定派遣 4 个专家组共 14 人分赴加格达奇区、漠河市、塔河县、呼玛县指导防汛抢险工作。黑龙江省水利水电勘测设计研究院(简称"设计院")积极响应,黑龙江省水利投资集团(简称"水投集团")党委书记、董事长,黑龙江省水利设计院院长戴春胜召开会议研究决定派出朱颖斌、刘慧亮、武东财、袁野、张勇、宋国涛、许勇、龙致远 8 名专家,其中朱颖斌、武东财、张勇、许勇 4 名专家分别担任 4 个专家组组长,与黑龙江省江河流域管理保障中心工作人员共同前往 4 地指导防汛工作。

6 月 20 日,黑龙江省水利厅厅长侯百君带队到大兴安岭地区检查指导防汛抢险救灾工作,水投集团党委副书记、副董事长、总经理于宁参加检查指导。检查组一行先后实地查看了加格达奇区甘河、松岭区多布库尔河等河流防汛抢险情况。21 日,设计院召开防汛专题办公会议,通报近期省内汛情,安排部署下一步工作。22 日,戴春胜主持召开紧急会议,安排部署近期省内防汛工作,研究落实具体工作衔接事宜。他指出,今年汛期比往年提前,部分工程存在隐患,中小河流治理尚未完全结束,增加了防汛的难度。他强调,要高度重视防汛工作,尽早做好各项准备工作,全力以赴提供技术支撑,防患于未然。要重点关注黑龙江干流及重要支流、嫩江干流及嫩江支流动态,着力解决胖头泡嫩江河段壅水等重难点问题。他要求,设计院专家组作为主要成员之一,要严格按照省水利厅会议精神和省防汛办意见要求,与省江河流域管理保障中心联合提供工情信息,按时提交技术成果,形成工情水情"一张图"。要层层落实责任,明确院内总负责人,各部门实行处长负责制,建立专项工作微信群,设置专职联络人,按区域分组开展工作,确保圆满完成今年的防汛任务,为全省平安度汛提供强有力的技术支撑。

6月25日,设计院再次召开防汛专题会议,汇总当前防汛工作情况,部署下一步防汛任务及工作安排。戴春胜要求,一是要增派外业人员完成好现场测量工作,要做好与重点项目前期工作的交叉推进、统筹安排;二是注意收集现场第一手资料,为开展下一步工作做足准备;三是要充分利用好历史洪水资料,最大程度为研判当前汛情提供支持;四是要沟通协调各合作单位和各地市,及时收集各地市水位情况。要立即开展相关工作,各部门负责人要主动担责,现场人员要注意安全,同时,进一步严肃汛期工作纪律,确保圆满完成各项任务,助力全省防汛取得最终胜利。

专家闻"汛"而动 传递责任与感动

在呼玛县,6月20日,设计院组织防汛专家组赴呼玛县指导防汛抗洪工作。呼玛河下游河南屯堤防段水位上涨较快,专家组提醒需密切关注汛情,及时发布预警信息,保证河南屯村民人身安全。专家组在前往兴华乡兴华堤防途经G331时,一段路面已经过水,驾车无法通行,需乘船通过。专家组抵达呼玛河兴华堤防东山村段时,现场堤防已漫顶。专家组强调,需重点关注雨情、水情、汛情的发展变化。26日,省长胡昌升一行到呼玛县指导防汛抢险救灾工作,实地查看堤防各处险情的处理情况,设计院专家组成员陪同,并就堤防现状防洪能力及防汛工作进行汇报,胡昌升充分肯定了设计院专家组的工作,并指出要确保呼荣堤防万无一失,发现险情要立即处理,把隐患消除在萌芽之中,把各项防范应对措施落到实处。由于呼玛县防汛压力增大,黑龙江省人民政府防汛抗旱指挥部办公室特此下发通知,增派 1 个专家组(专家组由设计院水工处孙凤博、马玉军组成),负责指导呼玛县呼荣堤防防汛抢险指导工作。

在塔河,6 月 20 日 21:40—22:30,侯百君、于宁召开防汛抢险工作会议。侯百君强调,地方政府要主动查找堤防薄弱环节,准备充足的抢险物资和机械,同时,一定要保证人员安全。于宁现场对防汛工作给予指导。设计院派出的专家组对险情进行了分析,并提出了治理方案。22 日,于宁和专家组一同奔赴塔河依西肯堤防查看堤防险情,在依西肯堤防对子堤填筑、管涌处理、滑坡和塌陷处理进行了技术指导。一是针对堤后管涌险情,专家组提出了在管涌点附近采用土工布+砂+碎石的反滤导渗措施;二是针对堤后滑坡险情,专家组提出了在滑坡处采用堤脚沙袋阻滑和滤水后戗措施;三是针对堤前塌坑,专家组提出了在迎水侧抛填沙袋及加宽堤体的措施;四是针对晚上出现的坝顶漫溢情况,专家组提醒地方安排对抢险人员有序撤离。

在加格达奇,6 月 20 日,专家组实地查看了区内涝情况及兴安湖水库防洪调度情况,并要求:一是要在江河沿岸前线提前预置抢险救援力量,提前把抢险救援物资装备、大型设备下摆到重点防范地区,确保发生险情快速开展抢险救援;二是要根据分析研判结果,及时转移危险区域群众,林区群众居住分散,转移时要做到不落一户、不落一人;三是要加强重点堤段、重点部位、险工险段的巡查防守,进一步排查薄弱环节和隐患,提前采取措施解决管涌等问题,防止险情发生发展;四是要组织省水利设计院组派的专家组现场指导,为多布库尔河等河流防汛抢险工作提供技术支撑。21日,加格达奇区甘河河道水位高、流量大,城区出现严重内涝,内涝排水管冲刷堤脚,对堤防造成危害,专家组提出排水口需加设防冲措施,并建议加格达奇区甘河堤防排水防洪闸处增设临时强排措施。加格达奇区甘爱民公区通乡路水毁淹没路面,应加强巡视及安全防范。

在漠河,6月22日,专家组奔赴兴安堤防,与当地政府一起巡堤踏查,检查抢险工程实施质量,就抢险工程要点及难点给出指导。兴安堤防堤体多为黏土堤防,堤体渗水险情较少,险情主要为管涌,专家组根据险情特点,对抢险处置提出建议,指导当地实施,确保抢险方案实施到位。设计院专家组现场踏察险情后,在现场与漠河县政府就防汛抢险召开应急会议。针对2号闸附近堤脚处管涌和鱼池段堤防背水侧渗水,专家们做出险情原因初步分析,结合原因和当地防汛力量,给出抢险方案。专家们的意见被漠河县政府采纳,会上,县政府做出行动方案及分工,第一时间进行抢险实施,工作组负责技术指导。

在黑河,汛情就是命令,责任重于泰山。6月23日,设计院再次派出专家组赴抗洪一线指导防汛工作。设计院副总工程师宋文彬作为技术负责人与省水利厅相关领导组成省防汛指导组(黑河市)抵达黑河,当晚参加了黑河防指会议,分析研判黑河以上重要堤段的防汛形势,会同分析水文数据实时动态,对黑河上游的上马厂、白石砬子、张地营子3段堤防当前超标准水情变化进行了深度分析,研判黑河站上游水情变化。提出抢保张地营子堤防的建议,得到黑河市政府和黑河防指的采纳。张地营子堤防达标建设是老堤断面不变,加了上游雷诺护坡和堤顶混凝土路面,防洪标准为 20 年一遇,堤顶高程比 2020 年有点余量。该段堤防堤身为土堤,以前曾发生过管涌险情,现在背水侧多段存在大范围坑塘积水,鼠洞较多,隐患多,防汛抢险风险很大。因此,张地营子堤防抢险工作也就成了黑河段防汛重中之重。

在爱辉,受洪水侵袭,爱辉区水情严重,设计院第一时间派出宋文彬、郭浩、杜江一行三人专家组赴黑河市爱辉区指导防汛工作。6 月 25 日,专家组陪同黑河市委副书记、市长李世峰深入爱辉区、孙吴县及逊克县防汛第一线,检查指导防汛和村屯转移工作。专家组其他成员赴黑河市城区堤防、爱辉区上马厂、张地营子堤防等地查看现场抢险工作。在爱辉区四嘉子乡小乌斯力村堤坝、爱辉区红色边疆农场堤坝、孙吴县沿江乡胜利屯堤坝、逊克县干岔子乡河西村堤坝、逊克县奇克镇高滩村堤坝出现管涌,各地迅速组织抢险队抢险。每到一处,专家组研判险情,认真查看堤坝加固情况,并要求调动一切力量,争分夺秒加固堤坝,科学组织,优化措施,提高防洪标准,严防死守,全力确保堤坝安全。同时,专家组还建议城区堤防应设立警戒线,及时安装移动式防洪墙,迎接洪峰到来;建议张地营子排灌站尾水管应及时封堵,防止洪水倒灌,造成更大危害。

在嫩江,7 月 17 日至 18 日,嫩江市发生短时间强降雨,当地中小河流水位快速上涨,共有 16 座水库超过汛限水位。省水利设计院第一时间派出专家组来到嫩江,指导当地防汛工作。抵达当晚,专家组马不停蹄来到民兵水库。民兵水库是三类坝,本身存在一定的安全隐患,由于水位上涨较快,已超汛限水位2米。专家组在与当地水务局领导深入交流后,建议在保证下游承泄能力的前提下,提高泄洪洞闸门开度,同时做好大坝背水坡的巡查工作,谨防管涌等险情发生,确保对大坝的全方位动态监测。凌晨2点,民兵水库水位开始缓慢下降。20日至21日,专家组相继巡查了嫩江农场一水库、嫩江农场二水库、尖山农场场部水库、鹤山农场高峰水库、嫩北农场奋斗水库等超汛限水库。每到一处,专家组都会认真查看水库运行情况,研判险情,并与水库管理单位密切沟通。专家组强调,要强化组织领导,科学合理安排防汛工作,做到不间断巡查,发现险情及时上报,备好防汛物资,做好充足的准备,全力确保水库安全。

在甘南,7月18日,内蒙古自治区境内甘南县音河流域永安水库和新发水库两座水库溃坝,洪水严重威胁下游群众的生命财产安全。当天,省水利设计院第一时间派出专家组李俊、叶柳等人赴甘南县诺敏河现场指导防汛工作。专家组人员会同甘南县委书记、甘南县县长及甘南县应急局、甘南县水务局相关人员赴防汛第一线,成立指挥部。结合现场水情变化情况及时进行水情分析、研判,配合现场抢险指挥部制定相应预案。专家组与甘南县水务局、甘南县应急局负责同志对甘南县县管水库全面排查隐患、指导整体工作,听取水库管理单位及主管部门的情况介绍,现场查看水库的工程状况及物资储备情况,调阅水库设计资料及运行记录,并现场指导水库管理单位进行合理的运行调度,擘肌分理地分析现场状况,对下一步工作提出合理建议。上下联动,左右协同,一道牢固防线被众人力量共同筑造起来,构筑稳如磐石的人民之堤,共同努力打赢防汛攻坚战。

防汛期间,专家组就现场巡视、险情排查、险情监控、险情处理均给予详细指导,并将设计院通过历次防汛抢险总结编制的《防汛抢险手册》发放给相关人员,专家组的专业技术水平和优良工作作风得到大兴安岭地区各级领导的一致好评。

"万众一心、众志成城,不怕困难、顽强拼搏,坚韧不拔、敢于胜利"的伟大抗洪精神,在这场抗洪抢险斗争中发扬光大,成为他们珍贵的精神财富。

团队以"谋"为本　　推动高质量发展

中国共产党成立一百年来,以初心使命的火炬,点亮了一个个精神坐标。习近平总书记"七一"重要讲话指出,敢于斗争、敢于胜利,是中国共产党不可战胜的强大精神力量。这些宝贵的精神财富跨越时空、历久弥新,集中体现了党的坚定信念、根本宗旨、优良作风,凝聚着中国共产党人艰苦奋斗、牺牲奉献、开拓进取的伟大品格。

回顾设计院的发展历程,特别是"十三五"期间,他们秉承敢于斗争、敢于胜利,不可战胜的强大精神力量,坚持发展与转型并重,质量效益明显提升,经济效益稳中有进,重点水利前期项目和供水保障任务扎实推进,新兴市场业务日渐拓展。这期间,设计院共完成工程项目 1 000 多个,150 多项重大项目完成前期工作,完成勘测设计产值超 20 亿元,综合实力和科技创新引领能力明显增强,管理水平全面提高,民生保障明显改善,党的领导和建设水平有了进一步提升,成为黑龙江省水利行业排头兵、水利建设的技术龙头和中坚力量。

如今,在设计院的基础上,黑龙江省成立了水投集团,成为省级水利投融资平台,承担起"省级及以上水利工程项目、省内跨流域跨区域水利工程项目投资主体、国有水利资产运营管理主体和市场主体"三大主体作用,为黑龙江省水利行业提供整体解决方案和"谋融投建管营"一体化发展格局发挥"谋"优势,设计院各级党组织发挥了坚强的战斗堡垒作用,全体党员是敢担当、能冲锋、善作为、能打赢的先锋战士,水利设计院职工队伍是特别能吃苦、特别能战斗的坚强团队,他们以敢于斗争、敢于胜利,不可战胜的共产党强大精神力量,推动设计院高质量发展。"革命加拼命",抗洪立奇功,这是他们的又一真实写照。

（撰稿人:王洪刚）

退休不褪色　最美夕阳红

湖北省汉江河道管理局泽口闸管理分局

天边刚泛起鱼肚白,吃过早饭的他便出门了。驾驶开往泽口闸的 211 路公交车司机已与他熟络,再一次打趣道:"老爷子,今天又去打卡上班啦!"

是啊,随着汉江水位不断上涨,近来,他越发频繁地来往于泽口闸和自己家。

在泽口闸青年防汛队伍中,他苍老的身影、花白的头发显得格外扎眼。但只要提到这位"不请自来"的防汛队员,大家都肃然起敬、频频点赞。

他就是泽口闸分局退休老党员王帮家。

年纪虽大,我还是要上

王帮家是一名有着 47 年党龄的退休老党员,曾任泽口闸分局(原泽口闸管理所)工程师,多次参与抗洪抢险"攻坚战",长期从事防汛抢险技术指导工作,实战经验十分丰富,是一位名副其实的老专家。

8 月下旬以来,随着泽口闸外江水位不断上涨,防汛形势日渐严峻。看到电视机里在一线抢护险情的汉江人身影后,早已退休在家、本该颐养天年的他,彻底坐不住了。他不顾自己年近八旬的高龄,一次次同单位领导、家中亲属"做工作",执意回到他挥洒过青春和汗水的泽口闸,与分局干部职工一起投身到抗洪抢险中。

王帮家说,汛情需要专业技能和实战经验,自己虽然早已退休,但只要身体允许,关键时刻就该站出来,发挥余热。

巡闸查险,我来当向导

刚到泽口闸,王帮家一口水没喝,就坚持和大家一起把分局所辖范围巡查一遍。他处事细致严谨,更有一股子"牛劲儿",但凡遇到险情易发点就停下来观察,一边介绍一边提醒做好标记,确保巡查过程中不留死角、不漏一处。

"可以通过降低内外水头差来减缓涵闸渗水情况。"

"应严格按照预案要求,尽快形成梯级反压。"

……

随后召开的防汛会商会上,他谈起泽口闸的过往如数家珍。基于现场查看情况,他结合自身丰富经验,针对涵闸渗水等问题提供了可操作性强的技术建议,让与会人员直呼"茅塞顿开"。

王帮家说:"防汛是天大的事,思想上一定要保持警惕,坚持做到查险无遗漏,自己能为大家做个向导,很值。"

防汛抢险,我要到一线

会商会后的王帮家仍旧不肯休息,主动提出要迅速到现场处理新闸中墩伸缩缝渗水隐患。

"底层垫上一层防水油布,四周再用隔水袋装上沙土,呈倒三角严密围挡,留出一个小口,这样就形成导渗沟了,可方便进行渗水的采集和测定。"他不顾骄阳炙烤,蹲坐在一旁,手把手指导年轻职工进行渗水导流。直至看到导渗沟最终形成,他紧张了一个多小时的脸上才露出笑容。

有险必除,除尽再走。对待之后涵闸下游渠道出现的管涌险情,他依旧如此。在抢护现场,他不时穿梭于抢险队伍中,不断查看险情变化,不停与大家分析商讨,汗水浸透了衣衫也浑然不知,直至抢护完成,他方肯离去。

王帮家说,每一处险情都是一个烫手山芋、一块硬骨头,但我们就是要把它们给接下来、啃下去,确保度汛安全。

查险处险之余,他最喜欢和年轻人凑到一块儿,总是毫无保留地分享传授经验,向分局技术人员细致讲解科学处置各类险情及做好后期管护的方法措施。他的讲解深入浅出,话语通俗易懂,让分局青年职工的专业技术水平得到了大幅提升。

老骥伏枥守初心。王帮家同志用实际行动诠释了"离岗不离党、退休不褪色"的老党员本色,兑现了他誓保汉江安澜的庄严承诺。

（撰稿人：高阳）

最后的防汛班

湖北省宜昌市黄柏河流域管理局

这周,妻在黄柏河防汛值班。

她在微信里说,一周内天福庙水库竟然泄洪四次,前所未有,仿佛是对她这个即将退休之人的考验,有点惊讶,也有点愕然。

还有一个多月,就进入倒计时了,按照规定,10月15日后防汛结束,她就该"人到码头车到站",正式退休了,这是她最后的防汛值班。

她在黄柏河上游的天福庙水库竟然待了三十二年。上周开车送她进山值班的时候,我就暗自盘算,她把最美丽的青春年华献给了这条河和在这条河流上的我,我得给她写点什么,不要吝啬笔墨,写点记忆深刻甚至灵魂深处的东西,也算是给我们的水利人生留点念想。

我俩父辈是东风渠的同事,作为"水二代"的我们,命中注定是与水有缘的人。我们的情缘也因于此。我当初在她的下游尚家河水库,因为她,我就逆流而上。记得1990年的夏天,我们结婚那天,也正是水库泄洪,洞湾大桥正维修,禁止通行,满载我们结婚家具的东风大卡车只好绕道从河里过,泄洪刚停,我们蹚水而过,有惊无险。

三十二年过去了，留在我们家具衣柜上的红双喜字还没褪色呢，还是那样鲜红。衣柜的玻璃破了一角，也没有配换，我说，这才是岁月留下的刻痕，仿佛一切就发生在昨天。

记得那年夏天，承蒙领导关照，将仓库改修的二居室分配给我们做了新房，开始了我们的新婚之旅，也拉开了我们在黄柏河的水电人生。无论是电站、工管科，还是行政办，反正只要进山在水库里，必须人人参与防汛值班。

最开始，她在电站车间上"三班倒"的运行班，电站就在水库大坝的后面，标准的坝后式电站。从三岔路的河边仓库——我们的新房到电站车间距离八百米左右，路虽不是很远，但碎石路很不好走，特别是进厂的简易公路被洪水冲垮后，上班还要从大坝后的河里走最后二百米才能进厂房，特别是有个十多米的陡坡，那时候三班倒还要自己带盒饭的，妻有次爬坡下坎不小心摔倒，把自己带的饭撒了，白花花的米饭就这样撒在黄柏河的石缝里，没有午饭吃，我是后来才知道的，心里很不是滋味，当时她已怀孕三个多月，好在老天保佑，没有摔流产！她没敢告诉我，怕我担心。印象最深的是她怀孕四五个月时，竟然主动参加修建那条进厂公路的劳动，处领导们以身作则，不管男女老少一起自己动手，在河边山崖修建进厂公路，因为妻深感自己曾经吃过这条烂路的亏，干活也特别卖力气，不顾身孕的她力所能及地帮忙捡小石头，被领导和同事认定，这个女人"打得蛮"，有不少同事打趣猜测说，她怀的是男娃，果然第二年的春天，儿子如约而至。

条件艰苦，真的难于表达，即将分娩的时候还在连说话都听不清的噪声厂房上班，我们真担心孩子出生后有毛病，老天保佑，孩了智商还可以，就是有一点内向。在距离一百二十公里山外的东风渠机关驻地王店镇，妻独自一人在娘家等待"卸包袱"，她生孩子的时候，我还在天福庙水库春节值班，说来也神了，冥冥之中好像有一种呼唤，正月十五我给领导请假说爱人要生了，非回去不可，每天只有一趟通往县城的客车，第二天坐早班车到镇上，当我转站三地赶到王店镇的时候，碰巧班车坏了走不了，司机让下车，而且老爸送我上班的手表也不知道怎么弄丢了，也不知道具体时间的我归心似箭，我准备步行最后二十里回家，路过邮局电话亭的时候，灵机一动赶紧打电话，当时我丈母娘就是东风渠总机值班的，打电话一问才知道，妻早上就被送到镇上卫生院了，我摔了电话往医院跑，当我推开门就看见儿子——毛茸茸的小家伙正在妻怀抱里睡呢，满脸皱纹有点像老太爷，我当即给妻跪下说，老婆你辛苦了。

妻大咧咧地说一切顺利，你儿子一出来竟然就撒尿啊，弄了接生的护士阿姨一身呢。哈哈哈！估计憋不住了，我高兴地说，真不愧是我们水利人的儿子啊！撒尿就像水库泄洪一样有气魄。

孩子不喜欢吃母乳，怪事啊，只好买牛奶，山圪崂里小镇上哪儿会有，只好托人在外面城里带，记得他外公竟然想办法送来了几桶进口奶粉，更把臭小子的嘴吃刁了。山里实在不方便，十个月大的儿子只好被送到山外当阳县城的外婆家。交通不便也不怎么好请假，每二三个月才回去一趟看儿子，两岁的儿子竟然半天认不出我们是他的亲爹亲妈。儿子哭，妻也哭，说来都是泪，或许，这就是我们基层水利人最心痛的事。

尽管我们只是把自己的工作当成养家糊口的一种平常事,时隔多年后的今天,我不得不说,许许多多和我与妻一样的同事们,客观上都是在为水利事业做奉献。

黄柏河水电梯级开发除了水库工程修建的苦,就是水库最初管理者的苦。可以说,全国的情况大致相同,基本上没有哪个中小水电站修在城镇的。我们水库大坝距离最近的村叫西河村,到那个西河村街,五里路半小时可达,而距离所在的镇十五公里,山路弯弯真的要走半天啊,那个镇过去叫苟家垭,后来叫荷花,就是如今的嫘祖镇。记得刚结婚那阵子,妻要去镇上,步行太远,只好找同事借个二手的嘉陵摩托车,无奈回家的半路上路过二级电站的时候,竟然罢工,本来自己也是第一次骑,那辆小巧玲珑的嘉陵车启动不了,寻找半天故障原因,最后发现是没油了,我也不知道加油,附近也没有加油的地方,就这样和妻推着嘉陵摩托车在峡谷公路上走回水库,就是这样有一句没一句地聊,没有人的时候就扯开嗓子喊山,后来被我写成了诗歌发表,现在想来,要多心酸有多心酸,要多狼狈有多狼狈,好在妻没有埋怨我,我有多高兴,她也多高兴。只是我们不辞辛苦到镇上买的猪肉,被野猫偷吃了,着实让她大哭一场。

那时我们水库食堂只供应早餐,而且事先要预订的,刚参加工作的单身汉才可以在食堂就餐,我们都结婚了,自然不愿意在食堂吃,顶多跑五百米去食堂买早餐,也就是包子、馒头、稀饭之类。食堂和处机关在大坝下面三百米,和我们驻地三岔路口就是个斜三角形,我们的仓库房在黄柏河主河道和支流盐池河所谓三岔路口处,就是进水库大门的外边,居住的仓库还留着当初黄柏河指挥部的痕迹,墙壁上还能隐隐约约看得见毛主席的最高指示:水利是农业的命脉。距离一丈之遥的旁边一楼四层宿舍楼,里面住的都是我们处的老双职工同事们。

1990年结婚刚参加工作,那点工资自然是买不起冰箱的,直到五年后才买,那是后话。和妻好不容易到镇上买的三四斤瘦肉,不可能一顿吃完,她精打细算地在那块连精带肥的猪肉上画上刻度,计划安排今天吃多少,明天吃多少,后天怎么吃,辣椒爆炒还是凉拌,担心肉坏了就卤熟了,放在透气纱窗橱柜里。比较精致的橱柜还是老岳父在山外送进来的"传家宝",据说是老岳母的陪嫁呢,上下两格,上边对开门的窗纱,下边镶嵌玻璃,柜台面雕刻纹路,古朴大方!妻的卤肉就放在上层带窗纱的格格里的大瓷碗中,她担心肉闷坏了,说什么臭鱼可吃,臭肉就要扔掉。

厨房狭窄,也就三个半平方,勉强可站得下两人。橱柜就放在靠近小窗户边的水池旁,万万没想到,下班回家她准备弄饭,发现橱柜的窗纱被咬个窟窿,卤肉不翼而飞!有邻居同事说,听见夜猫子叫了,多半就是野猫子作的孽。我们自己都舍不得吃,怀孕五六个月的妻正需要营养,可恶的野猫!真想抓到野猫子千刀万剐!

顿足痛哭后悔不已是难免的。安慰妻,怕她太激动了对胎儿不好,那段时间我小心翼翼地,怕她不高兴!饭后陪着她在大峡谷的马路上散步、唱歌或者嚎叫发疯,站在黄柏河里面对着大山喊着:我熊某人要当爸爸啦!

遇见偶尔过往拖磷矿的大东风车,按着喇叭警示我们,妻说,要是我们有自己的车多好啊。想什么时候到镇上买东西就什么时候去,就这点距离,邮局送报刊信件一周送一次,有好几次五元钱的稿费都逾期了。记得有一次最大的一笔八元稿费,到邮局取还要单位盖章证明,那笔稿费中的五元给两岁的儿子买了个足球,上面写着生日祝福。想想那时的交通,感觉现在真是太幸福了。单位唯一的皮卡车,基本上是人满为患,争先恐后,为了多休假几天,积累两个多月出山一次,那时就想,自己有个车多好啊。这个梦想因为老兄意外车祸我有点心理阴影,推迟到八年前才实现,真不愿回忆往事,只是叮嘱儿子一定要努力工作,珍惜我们眼下的幸福生活。交通和通信的彻底改变,让我们最基层的水利人有了更加感性的幸福获得感,现在年轻的同事们,基本上都是自己开车上下班。单位为上班职工提供免费工作餐。

大山的水利基层生活有苦也有乐,虽然没什么娱乐活动,山顶转播的电视也只能收"中央一台"一个频道,有时也在狭窄的办公楼前打下羽毛球,最开心的就是大坝泄洪关闸后,我们就像大海退潮赶海的人去捡鱼。关闸后,那些来不及跑的鱼儿都被卡在河床上的石头缝里,或者滞留在低洼水坑里,有人在河里捡鱼最多捡上百斤呢。我也有幸捡过几条上十斤的,戴近视眼镜,特别是晚上关闸,捡鱼风险很大,妻虽担心我出事,但又喜欢吃鱼,矛盾得很,只得叮嘱我千万小心。后来,捡鱼次数多了,有点经验,有鱼收获回家都会得到她的表扬。泄洪最多的主要是每年七、八、九三个月,防汛值班每个人都很期待泄洪,只是后来很难捡到大鱼,为了保护水质,库区实行天然放养,升级为水源保护地后,更是禁止钓鱼、投肥养殖。

有时候妻想吃鱼虾，我们就想起了小时候抓鱼虾的办法，在库边放个虾笼，或者绑个虾耙穿过河道，在一级电站尾水渠里捞鱼，每次在回水湾都有收获，如此改善伙食，妻把我们的小日子过得有滋有味。

生活虽苦，但我们都坚持了下来，那些曾经离开单位的人说，我们完全可以离开这个饿不死涨不死的水利单位，凭自己的能力，特别是妻的颜值也不差，在山外完全可以混得风生水起。我们知道自己几斤几两，离开单位什么都不是啊，实际上，妻把我们家也打理得不错，让人感叹，扎根水利的人智商也不差。

一晃就这样三十多年过去了，六年前我被抽调到上级机关，结束了我们夫妻二人以河为家的生活，成为周末夫妻。

大概是去年的某一天，估计距离退休还有一年多的样子吧，妻说领导照顾她到工管科上班了，我说这个做了三十年的梦想终于实现了，你不是喜欢到工管科吗，可喜可贺。可惜自己马上要退休了，她有点遗憾。担心她从来没有观测过水位、计算过洪水位等，专业工作会出差错，影响泄洪安全，没想到她经过两周业务培训后，比那些"老油条"还在行。关键是她做事认真，一丝不苟。严格按照防汛手册工作，定期开启备用电源，严格按照规程操作。我曾打电话给老乡处主任老胡提醒关照下"老嫂子"，他说我多操心啦，嫂子业务水平杠杠的，尤其表扬她在管理处炊事员休假时代替做饭，那水平不是一般的，我只好呵呵地笑。我知道我的担心是多余的，只是提醒妻在黄柏河要站好最后一班岗，防汛安全是天大的事，向她转述老职工在1984年防汛时大坝闸门没有备用电源，靠几十个人轮流上阵手摇闸门泄洪保卫大坝的故事,她说她明白自己的防汛职责,绝不会给我丢脸的,我也只好"呵呵"了。

她时不时用微信发她的工作状态图,一会儿开启大坝闸门的备用电源柴油发电机组,一会儿进行大坝卫生大扫除,一会儿拉泄洪警报,更多的是气势恢宏的大坝泄洪的精彩图片。

她天天在防汛值班日志上签名,直到 10 月 15 日后。妻光荣退休了,站好了防汛值班的最后一班岗,真的为她高兴。

(撰稿人:熊先春)

测报一线党旗舞　攻难克险守安澜

河南省济源水文水资源勘测局

"哒哒哒……"急促的脚步声打破了周末的宁静。2021年7月17日上午,济源水文水资源勘测局(简称济源水文局)全体职工放弃周末的休息,集结在局机关防汛会商室。

"据气象预报,济源市将于17—20日出现持续强降雨过程,我们可能迎来一场硬仗要打,大家提前做好准备,在开展水文监测作业时要加强安全生产,要以人员安全作为重要考虑因素……"济源水文局徐明立局长有条不紊地进行着工作的分工和安排部署。

"哗哗哗……"来往行人都在庆幸着这场雨为炎炎夏日带来的凉爽,却不知一场艰难且持久的战役就此悄然打响。

众志成城

7月18日晚上8时,电梯间的"叮咚"声打破了夜晚的宁静,副局长王丙申在河口村水库授课整整一天后匆匆赶回济源水文局。

"丙申局长,忙了一天这么晚还来局里?"

"徐局也在啊?您已经连续忙了四个周末没回家了吧?预报今晚有大雨,我分管业务,必须坚守岗位监控雨水情信息。"

"汛情就是命令,我们的任务是安全度汛,我不回家不算啥。丙申局长身体不太好,可得悠着点啊。对了,不止我们,董书记今晚也在。"

为及时做好防汛水文测报工作,7月18日晚,整个城市的灯都闭上眼,而济源水文局却灯火通明,急促的电话铃声,班子成员不约而同全员到岗,干部职工放弃周末休息全员待命。局长徐明立身先士卒,坚持在一线值班。副局长王丙申带病工作,为河口村水库职工做预报培训整整一天,身体不适却继续回到单位坚守岗位。

"7月18日8时至19日5时,济源降雨情况如图。最大降雨在水洪池,降雨量为54毫米。"7月19日凌晨5时,水情测验科王秀明在多个防汛微信群发布最新雨水情信息。这是她生病的第七天,有些憔悴,嗓音略显沙哑,午夜时不时咳嗽两声,眼睛却一直盯着雨水情信息。凌晨5时10分,天刚亮,天空露出鱼肚白,水情测验科安明明、水资源科申方凡已经走出家门,走进微凉的清晨,到办公室接替值班。细雨扑面划过脸颊,先是冰凉,随后是霎时间的苏醒,他们家中还有襁褓里的孩子,却因汛情紧急必须坚持奋斗在一线。家人深知水文人的坚守和担当,对他们的坚守岗位表示理解和支持。

7月19日上午,雨势未停,风追着雨,雨赶着风,风和雨联合起来追赶着天上的乌云,整个天地都处在雨水之中。局长徐明立、副局长王丙申带领突击队员李彦、安明明、申方凡、郭佳旺,第一时间赶赴山区重要河道抢测洪峰。11:40,虎岭河流量19.0立方米每秒;12:20,五指河流量32.5立方米每秒;14:40,大店河流量 249 立方米每秒(近二十年米最大流量);16:10,铁山河流量 81.6 立方米每秒;17:30,小沟背银洞河流量 90.6 立方米每秒;17:35,东阳河流量 19.6 立方米每秒。晚上 8 时,雨势渐歇,微风把城市的夜晚吹出了一丝裂痕,突击队员们戴雨荷锄归,衣服和鞋袜都已湿透,身体疲惫,精神却很充实,整整一天的测流让他们的脸上挂着无比踏实的笑容,此时,他们还没来得及吃晚饭。

壮心不已

19 日傍晚 7 时,水位节节攀升,行人时不时驻足欣赏这难得的"景象"。"老乡,河边危险,快离开岸边,水马上过来了!"济源水文站王善永站长一边指挥着同志们开展测验工作,一边对岸边驻足的行人进行着疏离和劝导。

"善永,站上目前水位流量具体多少?"20 日凌晨 4 时,副局长王丙申一边监控雨水情信息,一边向王善永站长了解具体情况,手边还放着他的应急用药。探照灯穿过雨线、划破黑夜,打在激起的浪花上,这是他们坚守的第三个夜晚,两位年过半百的老同志并没有受到岁月的牵绊,拥有近四十年水文工作经验的他们,舍弃了休息,奋战一线,只为万家灯火通明。

作为党员,冲锋在前的先锋模范带头作用在他们身上体现得淋漓尽致。

职责所在

"这里可以,取设备开始作业吧!"四个年轻人脸上挂着兴奋,不为别的,只因找到了一处适合施测的河流断面。他们就是济源水文应急测报突击队的李彦、安明明、申方凡、郭佳旺。

据气象预报,受西太平洋副热带高压、低涡、低空急流和地形抬升共同影响,大雨仍在肆虐,强降水将持续至 22 日。22 日 20:00,蟒河上游降雨告急,刚在巡测站结束测验任务的四人,临危受命,沿着水库下游寻找施测地点,为济源市政府防汛工作提供专业技术支撑。此时,他们已经连续奋战 4 天了。

"测出一组数据没? 5 分钟后再次施测,抓紧时间吃点东西吧!"雨水打湿了馍馍,他们毫不在意,边吃边交流着刚刚作业中测得的成果,随即便再次转身投入到测验任务中去。他们以实际行动践行着入党申请书上的一笔一画及入党时的句句誓言。

有记者在测验现场采访后对他们的工作表示感谢,他们却只是腼腆一笑,说:"职责所在!"

强国有我

7 月 11 日,河口村水库达到最大入库流量 4 510 立方米每秒,于 9 月 26 日达到最大下泄流量 1 840 立方米每秒,在此期间,年轻的河口村水库水文站新一代水文人放弃休息,严格执行 24 小时防汛值班值守制度,及时将库区水情上报相关部门。

"刚接到通知,省局下达加强观测的命令,利娜你是女孩,留在办公室继续计算,坤伦,你和我穿上救生衣和雨衣,上坝上观测水位,我们电话保持联系! 加油,马上就结束了!"这是他们坚持24段制发报的第五天。身为"95后"的新一代水文人,河口村水库水文站的彭冲、王坤伦、孙利娜三人脸上早已没有了属于同龄人的稚嫩,一个个面色坚毅,伏案耕耘,为的只是将一份份水位、出入库资料计算得更快、更准。

"2021年7月22日8时至23日5时沁河流域降水实况,图中区域为河口村水库上游,山西境内各站降雨情况。其中最大降雨量在洞底,降雨量为159毫米。""2021年7月23日15:30,河口村水库水位达261.09米,蓄水量1.76亿立方米,入库流量795立方米每秒,出库流量1 020立方米每秒。"一个个数据,证明着他们的辛勤,不负习近平总书记在"七一"重要讲话中对青年的殷切嘱托,仿佛高声呼喊着"强国有我,请祖国放心!"

逆行而上

25日21:00,刚刚完成河口村水库、蟒河口水库泄洪测报任务的济源水文应急测报突击队,在接到卫河流域发生超标准洪水,防汛形势异常严峻,需要济源水文局支援测报的命令后,迅速反应,坚决落实水利厅和省水文局防汛救灾决策部署,连夜与济源防汛应急指挥部沟通协调,在出具驰援工作证明后,放弃休息,闻"汛"而动,携带ADCP、水文桥测车、电波流速仪、救生衣等装备,星夜驰援,逆行而上,于次日凌晨抵达鹤壁水文测报一线。

一方有难,八方支援,共防大汛、共抗大灾。为切实做好驰援鹤壁防汛抢险水文应急测报工作。局长徐明立身先士卒、靠前指挥、科学研判、超前谋划,过家门而不入,组织力量防汛抗洪。副局长王丙申强化责任担当,敢于攻坚克难,紧盯雨情汛情,及时消除隐患。李彦、孙常征、安明明、申方凡、郭佳旺等突击队员精心施测,精准预报,不畏艰险,奋勇争先。

在抵达临时指挥部后,济源水文局根据任务分工,克服高速封闭、道路冲毁、环境复杂、城市内涝等诸多不利因素,奔赴鹤壁申店村柳围坡滞洪区退水处开展应急测报工作。退水处水位差异大、水流湍急,道路被洪水冲垮形成决口,周围无合适桥梁、断面进行测报工作。济源突击队在经过短暂会商研判后,迅速设立临时观测水尺,并通过遥控船搭载 ADCP 开展测流工作。

22:00,刚经历完整日奋战的突击队员们,还没坐下休息便又根据测报工作总体需求,奔赴下一站开展水位监测工作。深夜驱车行驶在刘庄滞洪区大堤上,大堤两侧被洪水淹没,汽车犹如漂浮于海面的一叶扁舟,原本通明的万家灯火也因饱受洪水的肆虐而归于寂静,只剩点点惨淡星光散发着微弱生机。全员在全天水、电、移动信号均不畅通的情况下,连续完成了 21 小时的持续高强度工作,在看到群众投来感激目光后,疲惫感便消除得无影无踪。

7月30日,白寺坡滞洪区台辉高速公路桥告急,徐明立局长立即指示济源水文局突击队克服作业困难,兵分两路,一方面保持原有监测任务不松懈,另一方面分出半数队员前往增援。在监测难度大、危险系数高的情况下,济源水文局应急测报突击队冲锋在前、迎难而上、团结一心、共克时艰,不顾汗水湿透了衣衫,不顾身上沾满了泥浆,昼夜奋战、不眠不休,开展水文应急监测任务,为防汛抢险提供科学支撑,为打赢防汛抗洪这场硬仗贡献了水文力量。

济源水文局应急测报突击队以"90后""95后"为主体,队伍年轻化,充满活力与朝气。作为年轻党员、预备党员、入党积极分子的他们,对自己思想进步的要求可不是随口说说的:面对大水,他们丝毫不惧、积极思考、奋勇争先。年富力强的新一代水文人能够胜任紧张、艰巨的水文工作,始终保持防汛队伍的战斗力和旺盛的生命力,实现了新老水文人的合作与交替,提高了济源水文局党员队伍、应急测报队伍的整体素质与效能,得到了群众的一致夸赞。

在开展紧张严肃测报任务的同时,济源水文局测报突击队队员还就地开展了"让党旗在水文测报一线高高飘扬"主题党日活动,通过水文技术下乡、"防洪救灾"知识下乡等方式,开展志愿宣传活动。水文人"求实、团结、奉献、进取"的行业精神、党员干部冲锋在前的先锋模范带头作用、"奉献、友爱、互助、进步"的志愿服务精神实现了高度融合,济源水文局水文应急测报突击队通过本次异地驰援应急测报工作,水文业务测报实战能力、党性修养、精神文明得到了三提升。

"泥巴裹满裤腿,汗水湿透衣背,我不知道你是谁,我却知道你为了谁……"云消雨霁,水退浪平,蝉鸣依旧,拂去空中乌云,城市逐步恢复往日生机。平凡的水文人们继续坚守着平凡的岗位,干着他们认为十分平凡的工作。水文人平凡,但无可替代。

（撰稿人:郭佳旺、宋一鸣）

千里长堤的坚守

——河南黄河河务局全力以赴 抗击黄河秋汛洪水纪实

河南黄河河务局

2021 年的汛期,与往年相比,显得那么特殊。河南黄河在全面打好黄河、沁河洪水阻击战,迎战沁河 1982 年以来最大洪水过程的同时,还协助地方主动应对"7·20"暴雨。征程未洗鞍未歇,中秋前后,多轮强降雨导致黄河第 1 号、第 2 号洪水并发,罕见的秋汛持续至国庆期间,黄河洪水向下游演进,河道长时间大流量行洪,控导工程面临考验,滩区防守压力增大,黄河秋汛洪水防御形势严峻。

作为洪水流经的首站,河南黄河 6 000 余名在职职工严阵以待,第 5 次启动全员岗位责任制,放弃中秋、国庆休假,确定防守重点,加强应急值守,做好黄河大堤、引黄涵闸、控导工程及生产堤巡堤查险和防守工作,发挥党员先锋模范作用,动员各方力量抓细抓实各项措施,坚守起黄河安澜的铜墙铁壁。

提前部署　全力备战

10 月 2 日 18 时 30 分,河南黄河河务局(简称河南河务局)第83次防汛会商会刚刚结束。会上,通报了黄河流域天气情况和黄(沁)河水情信息,就河南黄(沁)河出险情况而言,与前一天相比,又增加了多处,会商提出,全局防御秋汛洪水已经到了最吃紧、最困难时刻!而国庆期间,黄河中游可能出现的强降雨过程时间长、范围广,黄、沁、伊、洛四河并涨,小浪底、陆浑、故县、河口村四水库吃紧,河南黄河防洪形势异常严峻。

汛情就是命令,目标则是务求全胜。这其中蕴含的辛劳和汗水,只有身在其中的人方能真正体会。从省局到市、县局,再到一线工程班组,从机关部门到后勤通信、保障部门,从督导组到基层工作组,抗击黄河秋汛以来,全局各级迅速进入战时状态,共同的目标,就是确保人民群众生命安全、确保防洪工程安全、确保黄河滩区安全。

时间是每一次重要节点最清晰的记录者。9月18日11时,河南河务局召开防汛紧急视频会议,对当前洪水防御工作进行安排部署。19日,中秋佳节第一天,河南黄河干部职工主动放弃休息,正常值守。当日,启动河南黄河防汛Ⅳ级应急响应和全员岗位责任制。为全力做好黄(沁)河持续性大流量过程防御工作,26日起,派出由局领导带队的6个防汛指导工作组,分别赴各地督导黄(沁)河防汛工作。27日,黄河2021年第1号、第2号洪水先后出现,河南黄河防汛Ⅳ级应急响应提升至Ⅲ级,沁河武陟水文站当日15时24分洪峰流量达2 000立方米每秒,再次刷新1982年以来最大洪峰流量。

9月29日21时,在党校学习的河南河务局局长张群波返郑后,直奔原阳双井、毛庵控导工程现场查看河势、工情、巡堤查险及险情抢护情况,慰问坚守一线的干部职工和群防队员。9月30日凌晨,通过防汛视频指挥平台,以原阳河务局为战时指挥部召开全局防汛会商视频会议。"牢记初心使命,站稳人民立场,弘扬黄河铁军精神,确保黄沁河安全度汛。"张群波局长的叮嘱掷地有声。

迎战秋汛期间,河南河务局每日召开防汛会商会,研判水情变化情势,安排部署防御措施。党组书记司毅铭、局长张群波多次深入一线,察看河势、工情、险情等情况,指导工程抢护,督导秋汛防御工作。其他局领导分别带队,组成督导指导组在洪水到来前全部就位,驻守责任段开展工作,局直单位、各市局机关职工也下沉一线开展工作。强化领导干部带头作用,各级主要负责人认真履行第一责任人职责,全部上岗到位,靠前指挥,对分包责任段进行现场指导督导。经过提前部署,全力备战,这场秋汛防御战在河南黄河千里堤防全面打响。

层层落实　尽锐出战

10月1日,省局督察组成员刘玉成在微信朋友圈里发了一则名为"铁流滚滚列长堤,整装待命战洪水"的视频,视频里,新乡封丘顺河街控导工程9坝附近,20部自卸车、5台挖掘机、3台装载机满载料物,集中待命。

9月30日晚,封丘河务局紧急与封丘县防指汇报沟通,沿黄乡镇闻令而动,每个乡镇由1名班子成员带队负责,在原有基础上对每处工程新增挖掘机2台、装载机3台、自卸车20

辆,新增机械设备在顺河街、人宫、古城、曹岗、贯台和禅房等6处河道工程集结,自卸车已装满土方、石料,列队随时待命。封丘县供电公司在24时前为所有靠河工程重要河段架设了发电照明设备,为夜间巡查增加了安全保障,"河务+地方"的社会动员能力得到明显提升,一套行之有效的防洪运行机制逐步形成。

在焦作,压紧压实巡堤查险责任。除防汛值班及必要的工作保障人员外,组织市、县局机关人员近300人下沉一线开展巡堤查险,和一线职工同吃同住同劳作,凝心聚力,携手群防队伍,全力以赴做好洪水防御工作。严格按照巡堤查险人员轮班制度,24小时不间断连续作业,做好河势工情观测、查险报险等工作,确保险情及时发现,抢早抢小。

9月29日23时,郑州黄河马渡险工,金水区防汛抗旱指挥部组织金水区应急管理局、惠金河务局等单位正在开展防汛应急抢险演练。随着金水区防汛抗旱指挥部指挥长的一声令下,在马渡险工24小时值守的惠金河务局专业防汛队伍、金水区群防队伍及预置在现场的机械抢险设备迅速出动,2分钟便赶到出险地点,快速投入防汛抢险救援中。"这不仅是一次演练,更是一场实战!"金水区应急管理局局长库光耀说,"金水区黄河防汛抢险队伍应战能力如何?应急抢险在具体环节、细节方面还有哪些问题与不足?是否充分做好了黄河防大汛、抗大灾、抢大险的准备?迎战大汛在即,开展本次防汛应急抢险演练确有必要、正当其时。"

在濮阳台前,县级领导包乡包点常驻一线,乡镇主要负责人全部上堤;群防队伍上岗到位,对靠河生产堤开展24小时不间断巡查,发布预警信息,开展防洪避险宣传,警示群众远离危险区域。

2021年汛期,在迎战"7·20""8·22"等多次强降雨、防大汛任务中,河务部门联合地方各防指成员单位,组织专业及群防力量,冲锋在前、战斗在前、奉献在前,无不彰显了同心战汛的"硬核"力量,"政府主导、应急统筹、河务支撑、部门协同"机制进一步巩固完善。

为迎战黄河秋汛洪水,河南河务局从细节着手,从每一个风险点逐一排查。加大巡查力度,按照河务职工和群防人员1:3比例落实巡查人员,逐坝段落实责任人,开展24小时不间断巡查,确保险情第一时间发现、第一时间抢护。对偎水堤段和靠河工程开展全面排查,及时发现隐患,提前对隐患和薄弱堤段进行除险加固。市、县局及时向地方行政首长汇报辖区汛情、险情,加强与应急、气象等部门的沟通联系,一旦发生险情,充分发挥行政首长作用,确保抢早、抢小、抢住。6支机动抢险队伍集结待命,做好人员、料物、设备准备,严阵以待,一旦发生险情,做到快速出动、高效处置。严格实行"1+6+26"的24小时视频连线会商机制,各单位带班领导做到熟悉辖区汛情,随时和省局沟通,做到第一时间报告、第一时间会商,及时进行安排部署,充分发挥视频会商机制的高效作用。

始于初心 成于坚守

在武陟第一河务局,我们见到了3名老党员。张春峰,武陟小董班组班长,自2021年汛前黄河调水调沙至今,在沁河堤上驻守了近100个日夜,从未有过厌战情绪,他说:"咱就是干这个活的!"赵延温,言语不多、行且坚毅,从南贾险工、南王险工,到现在的东关险工,2021年汛期,几乎把险工点驻守了一遍。古来战,防汛一线的"老大哥",值守点距离嘉应观班组近10千米,每天骑着自行车往返数次,风吹雨淋,不言辛苦,"这算什么,都是咱分内的事!"

闻令而动、向水而行,充分发挥党员先锋模范作用,全力保障人民群众生命财产安全,在迎战秋汛的进程中,河南黄河各级党组织深入现场,靠前指挥,广大党员率先垂范,义无反顾,积极投身抗洪抢险的主战场,让党旗在大河上下高高飘扬。

在原阳河务局,我们听说了一则"手绘地图"的故事。第五次全员防汛岗位责任制启动后,对于毛庵控导工程运行班班长、已经53岁的王喜战来说,原本定于国庆回家的计划又得取消了,而患肾癌的妻子却需要定期前往医院复查。最近一次复查预约的时间是9月30日。妻子常年在家务农,没有单独出门的经验,对于手机导航等软件更是一窍不通,但是复查又不能误了,怎么办?王喜战想了许久,在巡坝查险的间隙,拿起笔纸,一张图文并茂的"地图"出来了:长途车到站后,向西出发走大概50米到102路公交车站……到大学路口步行向北300米西大门进,一楼挂号,上六楼找泌尿科,去急诊科对面小平房去做CT……听完这则故事,黄河人的坚守与奉献,让人动容。

闻令而动迎大汛,党旗映红幸福河。在河南沿黄一线,领导干部带头履行第一责任人职责,上岗到位,对分包责任段进行现场督导,党员骨干组成防汛抢险先锋队,主动承担巡坝查险、值班值守任务,不论是办公室伏案写作的通讯员,还是黄河岸边奔走不息的运行观测人,一个又一个普通党员,用自己的实际行动,诠释着共产党员的责任和担当。

在这次全力以赴抗击黄河秋汛的过程中,走遍河南黄河,让人感触最深的两个字,就是——坚守。是的,坚守。上下联动,全力以赴迎秋汛,黄河职工的努力是一种坚守;河务部门与地方政府同舟共济、确保安澜也是一种坚守;党员群众并肩作战、不分你我也是一种坚守,这种坚守,面对困难,将会无往而不胜。

新一轮的降雨已经到来,防洪保安澜一直在路上。让人坚信的是,河南黄河各级通过坚守初心、担当使命、舍小家为大家,用治河卫士的专业和奉献,在黑夜里坚守、在风雨中逆行、在堤坝上奋战,黄河防汛一定会行稳致远,人民至上、生命至上的理念一定会贯彻始终,河南黄河秋汛防御这场硬仗一定能够打赢。

（撰稿人:李锟）

党旗飘扬　党徽闪耀

——河南黄河河务局党员干部防御黄河秋汛工作掠影

河南黄河河务局

初心如炬,使命如磐。时代在变,中国共产党人的初心永远不变,本色永远不变。

越是关键时刻,越是见初心;越是紧要关头,越能显本色。

哪里有困难,哪里就有党旗飘扬;哪里有需要,哪里就有党徽闪耀。

一个支部就是一座堡垒,一名党员就是一面旗帜。

共产党员应该有共产党员的样子。平常时候看得出来、关键时刻站得出来、危急关头豁得出来,才是真正的共产党员。

——题记

2021年9月下旬以来,黄河第1、2、3编号洪水接踵而至,面对高水位、大流量、长时间的严峻秋汛,河南黄河河务局(简称河南河务局)各级党组织自觉提高政治站位,坚决扛牢政治责任,深入贯彻落实习近平总书记关于防汛救灾工作的重要指示和李克强总理对秋汛工作作出的批示精神,全面落实水利部、河南省委省政府、黄委及局党组决策部署,把黄河秋汛洪水防御工作作为重大政治责任和当前工作第一任务,广大党员干部大力弘扬伟大建党精神和伟大抗洪精神,将党史学习教育成效转化为攻坚克难的强大动力,冲锋在前,恪尽职守,积极投身抗洪抢险第一线,全力以赴打赢黄河秋汛洪水防御战。

闻汛而动,迎汛而上

初心就是力量,使命就是方向。此番秋汛初始,河南河务局就紧急启动全员防汛抗洪机制,锚定"不伤亡、不漫滩、不跑坝"的防御目标,全体干部职工进入战时状态,把保障人民群众生命财产安全放在第一位,实行省、市、县三级河务部门24小时视频连线会商,科学研判,精准施策,落细落实"政府主导、应急统筹、河务支撑、部门协调、群防群控"防汛工作机制。局党组团结一心、分工协作,快速反应、主动作为,把责任扛在肩上、把措施抓在手上,强化督导指导、尽锐出战,在洪水防御大考中践行初心使命;局领导率先垂范、靠前指挥,6名局领导带队6个防汛指导工作组,分别下沉濮阳、郑州、开封、豫西、新乡、焦作等地一线督导黄(沁)河防汛工作;多名抢险技术专家组成4个防汛抢险专家组,奔赴现场巡回指导险情抢护;局机关及局直单位抽调300余名业务(技术)骨干组成突击队,结合基层需要精准下沉;6个局属河务局派出21个工作组驻扎一线,现场跟进指导;全局各级2 300余名党员干部职工下沉一线加强巡查防守,昼夜奋战,与风雨搏击,与洪水较量,坚守防汛一线,确保大河安澜。

"我是党员,我先上!"

"洪水不退,我们不回!"

"守护大河安澜是我们黄河人的责任和使命!"

"光虽微弱,心却坚强;坚守一线,吾心所向! 恳请党组织批准我们继续留在一线工作!"

"作为一名党员,我将时刻铭记党员身份,关键时刻冲锋在前,全力做好工程巡查防守,誓保黄河安澜!"

闻汛而动、迎汛而上,一句句誓言、一声声请战,彰显的既是河南黄河人一往无前的坚毅决绝,更是河南河务局广大共产党员践行初心使命的为民本色。

党旗所指,党员所向

守土有责、守土尽责,闻令而动、遵令而行。面对此番秋汛的复杂性、紧迫性和严峻性,全局各级党组织和广大党员干部充分发挥战斗堡垒和先锋模范作用,把支部建到班坝一线,把党旗插在抢险前沿。一时间,水利先锋党支部、黄河先锋党支部、临时党支部、临时党小组、党员突击队等一面面鲜红的旗帜在河岸坝头上方迎风飘扬;党员先锋岗、党员责任段、党员志愿者等一个个红色袖章和胸前的党员徽章亮明了忙碌中的巡堤(坝)查险及抢险队员的党员身份。无论是晨光微曦还是夜色深沉,哪里有困难,哪里就有党旗飘扬;哪里有需要,哪里就有党徽闪耀。

　　台前白铺控导护滩工程，是黄河下游河道最狭窄的护滩工程，也是濮阳黄河秋汛防御的关键区域和薄弱环节。10月2日，台前河务局在这里成立白铺护滩临时党支部，支部7名党员、2名入党积极分子组成党员突击队，和抢险队员坚持24小时不间断巡查，每1小时观测水位，全长1 270米的护滩工程被他们加固了900米，有效保证了白铺护滩工程河势稳定。

　　秋汛以来，开封黑岗口下延控导工程7—13坝受大溜顶冲，险情不断，驻守在此处的开封第一河务局党员突击队队长张飞和突击队员们自9月24日起就没回过家，堤坝就是他们的战场。"河势险恶，工程防洪压力大，我们24小时值守，一直在对工程进行除险加固，洪水不退，我们一定会战斗到底。"张飞斗志满满地说。

　　此次秋汛中，黄河主要支流沁河最大洪峰流量达2 000立方米每秒，刷新了1982年以来的纪录。焦作河务局为确保黄（沁）河安澜，率先在关键河段、防汛重要位置成立6个临时党支部、17个临时党小组，300余名党员驻守所辖工程一线，充分发挥党组织战斗堡垒和共产党员先锋模范作用。广大党员面向党旗庄严宣誓，纷纷表示："身为共产党员，我们将发扬伟大抗洪精神和艰苦奋斗作风，做到特别能吃苦、特别能战斗、特别能奉献，保证完成巡坝查险、抢险等任务，以毫不松懈的昂扬斗志，争做抗击洪水的铁军勇士，坚决打赢黄河秋汛洪水防御攻坚战。"

　　类似这样的临时党支部和党员突击队在河南黄河秋汛洪水防御战的千里长堤上比比皆是。据不完全统计，在此次黄河秋汛防御攻坚战中，河南河务局各级共下沉党员干部4 219

人次,成立了 59 个临时党支部,55 个临时党小组,组建了 59
支党员突击队、162 个党员先锋岗、334 个党员责任段。一个
支部就是一座堡垒,一名党员就是一面旗帜。正是这一座座
坚强的堡垒和一面面鲜红的旗帜让防汛一线有了"主心骨",
为全面夺取秋汛洪水防御战的胜利提供了坚强保证。

担当作为,共护安澜

　　沧海横流,方显英雄本色;勇毅担当,则无惧艰难险阻。
习近平总书记深刻指出:"任何事业都离不开共产党员的先锋
模范作用。只要共产党员首先站出来、敢于冲上去,就能把群
众带动起来、凝聚起来、组织起来,打开一片天地,干出一番事
业。"在此次秋汛洪水防御战中,河南河务局广大党员干部用
自己的行动注解了真正的共产党员应该有的样子。

　　中共党员、长垣榆林控导工程班班长邢少杰,因连续多日
巡坝查险、探摸根石、查勘河势等高强度工作,突发脑梗住院。
即便身在医院病床的他,心里依然牵挂着班组的工作,见到前
去医院探望他的同事时,说话还有些不利索的他表示"出院后
第一时间回到工作岗位"。

　　中共党员、郑州河务局二级调研员李长群,原本 9 月已到
退休年龄的他,面对来势汹汹的秋汛洪水,主动请战到郑州局
辖区最易出险的工程,辗转多日不分昼夜与一线职工共同奋
战,凭借他多年"老黄河"的工作经验,指导防汛抢险,确保了
工程不发生大的险情。

　　中共党员、封丘河务局副局长杨建萍带头下沉禅房控导

工程,在严峻的防汛抗洪工作面前毫不退缩、勇挑重担,"风刮到脸上睁不开眼,连脑袋都被吹得嗡嗡疼",即便是男同志也有点吃不消,但她表示"我是党员,必须带头",坚决要在一线和大家共同抵御这次黄河大汛,严寒风雨中坚持在一线驻守了十多天。

中共党员、河南河务局核算中心副主任张利平,顾不上伺候患病住院的母亲,自 10 月 1 日接到通知后便义无反顾地下沉至豫西河务局洪水防御一线,和她一起下沉的干部已换防了三四轮,但她始终坚守在巡堤查险一线。即使是患了重感冒她也不换防休整,这一坚持就是 23 天,直至最后撤防。

在防御黄河秋汛洪水的战场上,还有许许多多像邢少杰、李长群、杨建萍、张利平这样的"他"和"她",他们或是父子兵、亲兄弟、姐妹花、夫妻档,抑或是干了几十年的"老黄河"、刚参加工作的"职场小白"等,为了保护大河安澜和人民群众生命财产安全,他们舍小家、弃团圆、带病坚守、任劳任怨,默默无闻、乐于奉献,我或许不能一一喊出他们的姓名,但我却知道他们拥有一个共同且响亮的名字——中国共产党员。正是由于无数的"他"和"她",充分展示出新时代党员干部敢担当、善作为的良好政治品格,第一时间响应号召,保持冲锋姿态,扛牢扛实责任担当,日夜在黄河坝岸值守,将责任落实到防汛抗灾各个环节,在洪水中筑起一道冲不垮的"红色堤坝"。

(撰稿人:孙欣华)

百里长堤绽芳华

——焦作黄河河务局巾帼抗洪素描

焦作黄河河务局

你在前线我在后方,我们目光所向皆是前方;

你是人妻我是儿娘,洪水面前我们只比飒爽;

你是先锋我是战士,迎风战雨我们初心守望;

你有柔情我有红装,风雨之后我们百炼成钢。

——致敬所有奋战在抗洪抢险一线的巾帼英雄

秋雨如挽歌。2021 年这场连绵不断的秋雨给人们带来了太多的揪心与忧愁。

10 月 13 日,焦作黄河河务局(简称焦作河务局)党组书记、局长李杲开完防汛会商会已经是次日凌晨 1 点,他以一条微信朋友圈迎接新一天的到来——决战防汛之第九十四天。

2021 年,从"7·11"丹河洪水、"7·20"沁河洪水、"8·23"强降雨、"9·19"伊洛河洪水、"9·24"沁河洪水到"9·26"黄(沁)河秋汛洪水,焦作河务局全体干部职工已经持续打了 94 天的各类洪水防御战,而当下仍处于决战决胜的防汛抢险关键时期。在这场"持久战"中,焦作河务局女职工积极响应,投身抗洪抢险一线,巾帼助抗洪,柔肩写担当,谱写了一曲巾帼抗洪赞歌。

"乘风破浪的姐姐"

9月底以来,受多年罕见华西秋雨影响,黄河已出现3次编号洪水,干支流部分站点发生了历史同期最大洪水。

9月26日,焦作河务局第六次启动全员岗位责任制。

9月27日15时24分,武陟水文站流量2 000立方米每秒,刷新了1982年以来沁河洪峰纪录。

9月28日凌晨0时30分,焦作河务局机关三楼党员活动室灯火通明,正在召开紧急防汛会商会议,安排机关人员下沉一线参与抗洪抢险工作。

9月28日凌晨1时多,焦作河务局的多个工作群发布紧急通知,统计报名下沉一线参与防洪抢险的机关人员名单,征求有没有特殊情况不能下沉的人员。

"我报名""我参加""坚决执行命令""没有任何问题"……

一时间,各个工作群里被类似这样士气满满、能量爆棚的回复霸屏。

9月28日8时,在留够机关防汛职能组成员的基础上,焦作河务局机关56名干部职工准时集结到位。25名机关女职工一个个像"乘风破浪的姐姐",脱下高跟鞋,换下俊俏装,身着迷彩服,紧急奔赴防汛抢险一线。在其背后,有的身在外地出差,接到命令连夜赶回;有的连夜从老家把父母召集回来照看孩子;有的推迟了与医生的预约;有的家中父母需要照顾,甚至来不及妥善安排，先交给邻居照看，在奔赴前线的路上再想办法……

风雨中彰显女性意志，危急时汇聚起巾帼力量。与此同时，一场全力以赴迎战黄（沁）河秋汛的攻坚战役在焦作河务局再次打响。

女子能顶半边天

脚下是坚实的大堤，身旁是滔滔的河水。黝黑的脸庞，专注的目光，被风吹乱的长发，她们身着橘红色的救生衣，胳膊上别着"巡查"红色袖章，胸前还佩戴着闪亮的党徽。这便是行走在焦作黄（沁）河大堤上女性巡堤巡坝查险人员的素描像。

据了解，加上各个县局机关下沉女职工，焦作河务局此次共有200余名女职工下沉至各个工程一线，参与巡堤查险工作。

焦作河务局财务科科长岳娟娟、党办主任曹阳、审计科科长杨芳芳、经管局副局长刘彩虹，4名女同志身为科室负责人，每天"双线"作战，在完成一线巡堤巡坝查险任务的基础上，还要忙里偷闲地聚焦"主业"，挤时间安排处理科室业务工作。用她们的话说，防汛抢险和科室业务都是"责任田"，哪一个都不能出问题。

郑方圆，在焦作河务局机关办公室工作六年的宣传老兵，初次在风雨交加、浊浪滚滚的沁河一线成为防汛新兵，开启了边学边练的"学徒"生涯。她虚心向一线职工拜师学艺，作答水尺观测、巡坝查险、雨毁修复等防汛试题。

在一些人眼中，年轻人没吃过什么苦，经不住风浪，挑不起重担。慕沁滨、顾雅丽、解鑫等，这些一参加工作就在机关的"90后"女孩，都是家里的"独生女"，从小在父母的精心呵护中长大。接到下沉一线命令后，她们转瞬间都化身成为独立勇敢的"黄河战士"。

"穿上迷彩服，我就不是个孩子了。""这个时候，我们不上谁上？""干工作男女平等，任务该咋分就咋分。"在防汛抢险危急时刻，她们从不退缩、彷徨。

来自局财务科的"开心果"罗睿，某一天巡河归来，还饶有兴趣地改编了革命歌曲《打靶归来》：日落西山红霞飞，战士巡河把营归，把营归，胸前的红花映彩霞，查险的人们满堤飞……

谁说女子不如男

此次黄（沁）河秋汛洪水防御战可谓是步步惊心、夜夜惊魂。

从"7·11"至今，焦作市境内的黄沁河河段水量大、水位高、历时长，堤防工程长期靠河偎水，风险多、出险概率高，防汛抢险形势异常严峻。

古有花木兰替父去从军，今有娘子军守堤为人民。防汛抢险工作并没有为女同志"开绿灯"。

9月29日，在沁河新右堤杨庄段，武陟第二河务局运行观测科科长张艳彬正指挥装载机、自卸车装运石头，运往朱原村险工进行除险加固。奔涌的河水、轰鸣的机械、厚重的备防石,此情此景,不由让人想到"铿锵玫瑰"这个词。

陈静,焦作河务局办公室主任。办公室工作本就是一年365天事无巨细的忙。在防御大洪水期间,办公室面临的工作任务和压力倍增,重重考验、道道关卡接踵而来。在她娇小的身体里,似乎蕴藏着用不完的能量,时而在机关协调开会部署,时而在一线协调领导们督战督导,始终从容淡定、元气满满。

王书会,焦作河务局防办副主任。这位年轻的女防办主任,言语不多,性格温和,做起事儿来始终有条有理,忙而不乱。工作期间,她没有太多的话语,始终以严谨的工作态度、过硬的专业能力,带动着身边人,成为大家心目中的榜样。她的家虽然就在市区,可是从7月至今,她基本吃住都在办公室,期间,儿子几次生病,她都没能好好陪在身边。10月4日是她儿子的3岁生日,本来答应儿子那天要回家好好陪他过生日的,最终还是因为在单位处理紧急防汛事务而"爽约"。

在这场秋汛洪水防御攻坚战中,在各条战线、各个角落,都有女职工们忙碌的身影。她们是风里雨里参与巡堤查险的女侦察员,是奔走在防汛一线参与宣传报道的新闻记者,是守候在机关提供食宿保障的后勤管家,是全天无休保障防汛物资紧急调拨的仓库总管……

无数个"铿锵玫瑰"迎风斗雨,在百里长堤上傲然绽放。

"大防办"里故事多

焦作河务局机关4楼的防汛会商室,在此次迎战黄(沁)

河秋汛洪水期间又产生出一个新的名字——"大防办"。"大防办"里,综合组、水情组、工情组、物资组等集中办公,每日里,各类数据统计分析及报告材料编写工作都在这里紧锣密鼓、有条不紊地开展。这种联合办公模式,进一步增加了职能组间的工作交流,实现各类数据互通共享,合力为领导指挥决策做好参谋。

特殊时期,无论前线后方,都是战场。坚守在后方"大防办"里的基本都是女同志,仅就"大防办"职能组几个人来说,就有好几对共同作战的防汛"夫妻档"。文电组的仓博、综合组的田甜、工情组的任玉苗,此次"战秋汛"期间,她们的丈夫都一直下沉在一线。她们都被逼成了"当家的女人",每日忙完单位忙家里,有时候在单位一忙就是一个通宵,早上五六点身心疲惫地回到家里,还得马不停蹄地掐着点送孩子去上学。

"只有半个小时,抓紧准备会商材料""会议纪要一个小时之内整理下发""十分钟内工情、险情数据报上来",类似于这样的紧张时刻,在"大防办"里算是常态。上班靠跑、吃饭靠捎、睡觉时间靠挤、比一比谁最能熬,这就是大家总结出的"大防办三靠一比"工作法。

"大防办"里温暖多。每到饭点,总会有几个忙手头工作连去食堂吃饭的时间都没有的人,每当这个时候,总会有人主动询问为大家带饭;工情组接险报险频繁时,忙得连喝水的时间都没有,每当这个时候,总会有人起身给每个同志面前的水杯里倒上水,提醒大家喝口水……

对于大家来说,经历抗洪抢险"百日大战"都是人生第一次,参与其中是机缘使然,勇于担当是使命责任。凡人凡事照亮不凡之路,微光成炬汇聚星辰大海。将来回首再看,虽然苦过、累过、哭过,但无怨无悔。

大梦想里的"小确幸"

不惧风雨来,我辈请长缨! 在这个极不平静的汛期里,巾帼上沙场,齐心战秋汛。她们怀着必胜的信心,洪水不退我不退,守护百里长堤,鏖战各类险情。一个个橘红色的身影如同一抹抹红云,嵌入绿堤、描入黄河,定格成一幅幅美丽画卷,留在了母亲河畔。

守护安澜,让黄河成为造福人民的幸福河,这是黄河人的大梦想。在大梦想里,这群"战地黄花"也开始细数着抢险胜利之后自己的"小确幸"。

"我要把我这段时间落下来的工作和学习先补上。"

"我要赶紧去医院治疗我的颈椎。"

"我要好好补补美容觉,睡上三天三夜。"

"我要第一时间去电影院看《长津湖》。"

"我要去逛街,买美衣、吃美食。"

"我要……"

待到黄沁安澜时,国泰民又安!

(撰稿人:冯艳玲)

病床上的牵挂

——记封丘黄河河务局局长鲁成伟

河南新乡封丘黄河河务局

"老齐,现在咱们各处靠河工程的河势怎么样?有没有大溜顶冲?工程加固得咋样啦?"

病床上刚刚做完手术的鲁成伟,趁着麻药劲头儿还没过,硬撑着给封丘黄河河务局(简称封丘河务局)抢险技术小组组长齐爱民打电话,一连串问了好几个问题。

作为封丘河务局的党组书记、局长,鲁成伟此时此刻人虽然在医院,心却飞到了百里之外的黄河岸,一段段堤防、一道道坝垛,仿佛就在眼前,那里是他的"阵地",更是他最深的牵挂。

坚守——轻伤不下"火线"

疾风知劲草,烈火炼真金。

2021年,从"7·20"特大暴雨到"8·22"持续强降雨,再到此次黄河罕见秋汛,封丘河务局全体干部职工始终坚守工作岗位,作为单位主要负责人的鲁成伟更是身先士卒,连续两个多月没有回过一次家。

在封丘河务局工作的 14 年时间里,"工作认真、细致、负责"是同事们对鲁成伟最深刻的印象。哪处工程修建于哪一年,什么时候改扩建,哪个班组都有谁,铜瓦厢决口的故事,曹岗险工的历史……他都能随口说出。

从负责防汛物资调配的财务科科长,到主管防汛工作的副局长,再到统筹全局的"一把手",每到汛期,鲁成伟总是一头扎进工作中,整天风风火火,一副"拼命三郎"的架势,饮食作息极不规律。车上、卧室习惯性备有饼干、面包、矿泉水,凑到饭点就在一线班组的餐厅吃一顿,过了饭点就随便吃些东西垫垫。最忙碌的时候,一天仅接打电话的数量就能达到七八十个,嗓子总是沙哑着。他自己常说:"每一天的工作不忙完,睡觉都睡不踏实。"据机关门卫回忆,总是能看到鲁成伟办公室或卧室的灯一直亮到很晚。

从 10 月 2 日开始,鲁成伟隐隐觉得肚子有点儿疼,最初他以为可能是淋雨受寒,或者是慢性肠胃炎,没有放在心上,一忙碌起来就又不觉得疼了。

秋雨连绵,黄河水流量越来越大。渐渐地,疼痛也变得越来越强烈。鲁成伟迫不得已去了距离单位最近的诊所,医生诊断为阑尾炎,建议他去大医院做进一步的检查,可他却说:"当前黄河防汛形势这么严峻,离开一会儿我也不放心!大夫,您给我拿点药吧,不是特别疼,我能忍!"医生拗不过他,给他开了药。

就这样吃着药,鲁成伟仍坚持早出晚归,白天去黄河一线各处工程检查督导防汛工作,晚上参加防汛视频会商。药吃完以后,病情却不见好转,为了尽量不耽误工作,他又开始利用中午和晚上的时间进行输液治疗,始终不愿离开自己的工作岗位。

"岗位,不仅仅是一份工作,更是一份信任,一份责任!"鲁成伟是这样说的,也是这样做的。2020年年初,新冠肺炎疫情暴发期间,他从1月底到4月初,连续两个多月带班值守,吃住都在单位,亲自参与局机关和家属院的疫情防控工作并带头捐款捐物。2020年年底,为了不耽误工作,他强忍着疼痛,硬是把预约好的肾结石手术接连推迟了3次。

坚持——严格保守秘密

病来如山倒,半点不由人。

10月7日,随着病情的进一步恶化,从黄河一线回来后,鲁成伟已疼得直不起腰,额头上渗出了密密麻麻的汗珠,身边同事立即将他送到新乡市第83集团军医院进行治疗。

检查结果出来之后,在场所有人都深吸一口凉气——阑尾已穿孔化脓,必须马上进行手术!否则,非常危险!

鲁成伟却还在反复询问恳求医生:"现在能不能采取吃药、输液等保守方式治疗?等过了这段汛期我再来做手术行不行?"当医生告诉鲁成伟,以他现在的身体状况,根本无法继续工作,必须进行手术时,他才算彻底放弃马上回到工作岗位的念头。

由于鲁成伟的爱人需要每天照顾年迈的父亲,儿子鲁子毅是原阳河务局下沉一线的职工,为了不让家人们担心,不让同事们分心,他反复嘱咐知情人员一定要保守这个"秘密",

只让自己的发小在医院陪护。直到上级领导去医院慰问的信息发布之后,他的家人和同事们才知道鲁成伟生病住院的消息。

即使躺在病床上,鲁成伟照样闲不住,捧着手机时刻关注着单位工作群的最新动态,一会儿传达上级工作要求,一会儿电话联系石料运送,一会儿询问河势水情,一会儿又安排后勤保障……

医生、护士都劝他要多休息,可他却笑着说:"只有忙起来,心里才最踏实!"

坚决——迅速重返"战场"

黄河岸边人与事,日日夜夜最挂怀,才下眉头,又上心头。

病床上的鲁成伟,问医生最多的问题就是自己什么时候可以出院。

10月17日,上午输完液,下午伤口拆线,医生建议再住院输液并观察两天,鲁成伟不顾劝阻,拆线后不到三十分钟便坐上了回单位的车,刚下车随即又参加了晚上的视频会商会议。

参加会议的同事们都诧异不已:"鲁局长,您不是生病住院了?怎么不多休息几天?"

鲁成伟满脸愧疚:"这几天大家辛苦啦!在医院里的每一分、每一秒,对我来说都是一种煎熬,整天坐立不安,我早就想回来了,还是待在这里最安心!"

"好几天了,他就属今天笑容最多。"鲁成伟的爱人站在一旁,眼里闪烁着晶莹的泪花。一家三口,两个都是黄河人,作为黄河职工的家属,她最能理解丈夫和儿子的那份坚守与执着。

浩浩洪流,漫漫长堤,无论是冰冷的风雨里,抑或是长夜的灯光下,总能看到黄河人坚定的脚步、挺立的身躯,默默无闻,慎终如始。

愿护安澜酬壮志,甘守黄河度春秋。他们,每一个人都是平凡而伟大的英雄!

（撰稿人:杨勇）

在黄河的 15219 天

河南郑州黄河河务局

2021 年,注定是一个不平凡的年份。数场暴风骤雨入河,滚滚波涛挟沙拍岸,湍急奔涌的黄河水咆哮着直冲一道道险工。10 月,黄河铁军正扑向洪流,用智慧与实力迅速筑起牢固的"钢铁长城",在大堤、在坝头、在河边,一首雄浑交响曲正在唱响。未雨绸缪,那是汛前准备"组网架梁";勠力同心,那是责任落实系牢"安全带";全力以赴,那是防汛保安构建"防火墙"。在这其中有一个身影,坚毅而勇猛,果决而低调,已经为巍巍黄河奉献了 15 219 天,只因理想信念,仍守着初心——他就是郑州黄河河务局(简称郑州河务局)机关原二级调研员,李长群。

追云逐雨

当风雨来临、行人匆匆往家赶的时候;当电闪雷鸣、人人躲之不及的时候;当惊涛拍浪、河水暴涨暗流涌动的时候,他们不畏风雨雷电,不畏严寒酷暑,越是危险越向前冲。他们无论男女老少、无论艰难困苦,持续奋斗在一线。

作为一名有几十年经验的"老黄河",主动请战已经是刻在骨子里的条件反射。在中牟驻扎已经超过 15 天,由于曾经在县局担任过局长,李长群凭借丰富的理论知识和实战经验,在马渡、九堡等控导工程勘查堤坝、检查险情,对巡查人员及驻守干部进行现场督导。在水深流急、容易出险的重点坝段,与基层河务局共同会商研判,协助制订有针对性的除险加固方案,指导防汛抢险。

"李局他啊,凌晨三点前没睡过觉!五六十岁的人了,我真心佩服他。"驻郑东新区中牟县督导组成员孙玉庆这样告诉笔者,"9月28日那天,我算是见识他有多拼了。"当天中牟县持续暴雨,李长群带领职工和下沉干部及群防队员在一线拉网式排查隐患,一直坚持到凌晨。风大雨大,在堤上人都站不稳。为方便工作,李长群穿了速干衣裤。暴雨中浑身被淋湿,避雨时靠体温自行蒸发。这一干一湿,难免会生病,同事让他回去换身衣服,他却连连摆手:"没事儿,老李我身子骨硬得很!"同一天,中牟县邢留印副书记前去视察,李长群详细汇报了中牟县的防汛形势,对着坝头如数家珍,邢书记直竖大拇指:"有你这样的干部并肩作战,郑州黄河人,真中。"

驻扎时,黄河工会主席王健曾前往中牟督导郑州防汛工作并开展慰问,发现李长群在巡堤查险,便惊讶地说:"老李,你还没退休啊?"李长群笑道:"王主席不也没退休,你没歇我怎么能歇着,撸起袖子加油干呗。"二人交谈中得知是同一个月退休。"退休不退岗,默契啊。"在他的指导和帮助下,黄河中牟段河势已经趋于平稳,险情发生可能性也已降低。

一声响亮的铃声陡然冲进了浪声里,不等听清旋律,霎时被打断,"老李,荥阳的状况……""太巧了!我正要跟你打电话,让我去吧。"连续奋战令人精疲力竭,但黄河精神永不停歇。挂了电话,李长群顾不上回家休整,便立刻奔赴下一个需要他的地方——荥阳枣树沟。

倚马仗剑

"古人打仗骑着马配着剑,现在治理黄河,靠的是这些'机械马'和黄河铁军。"在荥阳枣树沟,李长群指着坝头向笔者介绍着。

9 月 28 日以来,荥阳枣树沟段水位持续上涨,河势紧张,为及时支援当地防汛工作,李长群驻扎的地点从中牟移到荥阳。"这儿的水特别急,我曾经坐船去对岸观察,证实了在这里,黄河主流直冲大坝。"大溜顶冲,压力骤增。全力以赴保重点坝的安全,是抢险的主场任务。为防止坝头淘刷形成 U 形窝,目前采用的是针对性抛石加固。人站在坝头,能清晰地感受到脚下阵阵激流的拍打,水猛时声势如虹,向人类宣告着大自然的力量。

"河务局,防汛是主业,水再大也不怕,我们肯干、会干、能干。"自从来到荥阳枣树沟,李长群不分白昼黑夜与一线职工共同奋战,凭借着惊人的毅力,每晚都坚守在防汛现场,及时发现并处置多处险情,在协调联络地方政府及上级抢险支援等方面做了很多工作,已经连续驻守近 20 天。郑州河务局机动抢险队林涛告诉笔者:"李局他十几年前就在这儿抢险了,当初在咱们这儿指导机动抢险队建设,夏季集训、秋季实战,特别认真细致,是用绣花的细功夫打造出一支能吃苦、善钻研、扛大旗的青年防汛铁军。这次知道他来'坐镇',我们都可安心,更有劲儿了。"

看着正在作业的一辆辆装载机、挖掘机,林涛介绍道:"黄河防汛,拼的就是专业。不是有机器设备和人员就能成事儿的,地方支援的队伍平常没干过,车开不到河边。咱们的职工编铅丝网片迅速高效,咱们的自卸车水平稳定,能直接开到坝头边儿抛铅丝笼,这都是练出来的真本事。"机动抢险队临战冷静、技能熟练、互相配合、共同协作、紧张有序,卓越的表现受到了上级部门及地方政府的多次认可。

看到刚完成阶段性作业的一名抢险队员从车上走下,笔者在说明来意后,他笑着回答:"李局来了以后,帮了不少大忙啦。"经了解,李长群不仅防汛内业专业,还注重与属地政府沟通,了解人民所需,为黄河防汛牵线搭桥。在荥阳工作时,经常在防汛抢险中与属地政府打交道,及时反馈,形成良性循环的工作态势。为迅速高效地应对此次洪水,在李长群的积极推动下,得到了荥阳市政府在石料、机械、人员、防汛物资配备等方面给予的大力支持。在实地抢险作业中,李长群发现未安装防汛照明设施的现场一片漆黑,巡坝查险人员夜间全靠手电筒照明,视野狭窄,不易第一时间发现险情,并存在人身安全隐患。他将此情况汇报给荥阳市常务副市长杜朋懿,一切以人民群众安全为重点,双方迅速达成了"闪电合作",在防洪大堤上紧急架设临时照明线路,为打赢防汛抗灾战役提供了坚强的能源保障。

笑对大河

"李局,床单粘好了,你看还挺结实。""多谢老弟了,你先去睡会儿吧,我待命都中。"在采访的过程中,笔者来到李长群驻扎枣树沟班组的宿舍,所谓宿舍,无非就是一间空房子里放了两张简易床。没有桌椅、没有衣架,连牙缸、脸盆都只能放在地上。窗户还没来得及安装窗帘,鲁广伍将床单对折,用透明胶带粘在了窗框上。"特殊时期,俺们都理解,有个能临时歇着的地儿就中了。"说着,他把床上的外套披在身上:"没地方放衣服,这样还暖和,一举两得。"

"那你们怎么吃饭呢?"笔者又问道。"吃饭也在这儿,别看这个地方小,现在可有五六十号人呢。大家心往一处想,劲儿往一处使,单位也关心我们,今天还给发了御寒物资,能让大河安澜,这都不算啥。"李长群笑着说道。

"不讲条件"反映的是一种对待任务的精神状态,是完成任务的重要保证。面对险情,郑州河务局几乎全体职工下沉,没有抱怨、没有推诿、闻汛而动。"不讲条件"体现的是一种担当勇气。人民的需要在哪里,交给的任务在哪里,我们就要义无反顾奔向哪里,不为个人利益而斤斤计较,这就是郑州黄河铁军战斗力的保证。

一切以人民为出发点,在任务面前争扛红旗,在困难面前敢逞英雄、心无旁骛、攻坚克难,坚决完成好上级赋予的每一项任务。李长群作为黄河铁军的排头兵,自驻扎之日起,坚持每天巡堤查险,针对不同地段制订有区别性的抢护方案,将未雨绸缪做到极致。他以专家的身份冲锋在前,将管理智慧和抢险经验应用于实践中,提出在坝头预置备塌体,万一有险情,即刻实施作业,将出险遏制在发生时。荥阳河务局的职工们都说,李长群是大家的"安全密码",方法多、起作用、敢担责,摸得清河水规律,工程坝况心如明镜。

　　裹挟着泥沙,积蓄着异于往常的猛烈势头,黄河向着下游奔腾而去。在陪伴黄河的 15219 天里,李长群忘却个人得失,一辈子兢兢业业,守住大河,守住初心,奉献自我。而像李长群一样的"老黄河"们,有无数个 15219 天, 他们以对人民高度负责的态度,把防汛责任放在心上、扛在肩上,坚决克服麻痹思想和侥幸心理,发扬连续作战作风,毫不松懈,继续在大河之岸全力以赴!

（撰稿人：高璐瑶）

82 次会商　31 次调度　129 天值守

——让党旗在松辽防汛抗洪一线高高飘扬

水利部松辽水利委员会

2021 年是中国共产党成立 100 周年,是"十四五"规划开局之年,是乘势而上开启全面建设社会主义现代化国家新征程、向第二个百年奋斗目标进军的关键之年。今年也是松辽流域极其不平凡的一年,汛期流域降水量较常年偏多 2 成,洪水发生时间早、过程多、量级大,黑龙江干流上游发生特大洪水、中游发生大洪水,松花江发生流域性较大洪水,嫩江发生 3 次编号洪水,松花江发生 1 次编号洪水……

汛情就是命令,防汛就是责任。面对严峻复杂的汛情形势,松辽水利委员会(简称松辽委,下同)深入贯彻落实习近平总书记关于防灾减灾救灾工作的重要指示精神,认真落实李克强总理等国务院领导批示要求,在水利部的坚强领导下,提前谋划部署、加强协调指导、强化"四预"措施、科学调度骨干工程,确保了流域江河安澜和人民群众生命财产安全。

在防汛抗洪一线,不仅有现场抢险的"战士",还有幕后决策的"军师",他们虽然没有在一线冲锋陷阵,但却在幕后出谋划策、运筹帷幄,决胜千里之外。2021 年汛期,82 次会商,31 次调度,129 天值守,在防汛值班室里,一面鲜艳的党旗撑起了松辽防汛一片天地，松辽委广大党员干部以共产党员的先锋模范带头作用，凝聚水旱灾害防御的强大合力，用实际行动和坚强意志，坚守防御"阵地"和底线，打赢了防汛抗洪主动战、攻坚战、持久战，谱写了流域江河安澜新的篇章。

滚动会商、科学研判，打赢防汛抗洪"主动战"

面对严峻汛情，松辽委党组高度重视，委领导靠前指挥、强化担当，主汛期分管委主任每日主持会商，遇重要天气过程或水库调度决策的重要节点，由委主任主持专题会商，汛期共组织召开各类防汛会商会议 82 次，科学研判流域防汛形势，有针对性地安排部署，打赢了防汛抗洪"主动战"。

防汛会商室里，经常会看到一些熟悉的身影，不论工作日还是周末，不论白天还是晚上，不论晴天还是雨天，委领导、防御处、水文局（信息中心）、办公室、纪检组……会议桌边永远坐满了这些人，一次次会商研判、一次次民主决策，他们风雨无阻、从未缺席。在会议桌的中央，还会看到有一面红色的党旗巍然矗立、鲜艳夺目，作为一名党员、一名防汛工作者，大家都时刻牢记习近平总书记的重要指示精神，践行共产党员的初心和使命，始终坚持"人民至上、生命至上"，始终把人民群众生命财产安全放在第一位。

在应对诺敏河溃坝洪水和松花江流域即将发生较大洪水的关键时刻，水利部 3 次组织松辽委与黑龙江省水利厅、内蒙古自治区水利厅视频连线会商，共同分析研判汛情形势，研究水库调度方案，部署有效应对措施；汛期共启动水旱灾害防御

Ⅳ级应急响应 3 次、Ⅲ级应急响应 3 次，响应期间，松辽委及时将工作重心调整至水旱灾害防御，进一步强化与省（区）沟通协调，委内各部门、单位，全委广大党员干部上下同心、协同作战，全力应对暴雨洪水，赢得了防汛抗洪的主动。

科学预测、精细调度，打赢防汛抗洪"攻坚战"

面对严峻汛情，松辽委密切关注流域雨水情、汛情发展态势，强化监测预报预警，滚动分析计算，坚持以流域为单元，精细调度尼尔基、丰满、察尔森水库等骨干工程，汛期共下达水库调度命令 31 个，充分发挥水库拦洪、削峰、错峰作用，最大程度减轻下游河道防守压力，打赢了防汛抗洪"攻坚战"。

水库调度作为防御洪水的重要抓手，也是水旱灾害防御的核心工作，广大党员干部下沉防洪调度一线，专人专班开展预测预报和水库调洪分析计算。在每一个调度命令的背后，都是不分昼夜、不计其数的计算、分析、比对、优化，党员干部顶着巨大的精神压力，累计完成降水预报 1 550 余区次，洪水预报 3 000 余站次，制订水库调度方案 300 多个……共产党员挺身而出，战斗堡垒巍然矗立，正是这份强烈的责任担当和为民情怀，为防汛指挥决策提供了有力的技术支持，为打赢"攻坚战"提供了坚强后盾。

汛期，尼尔基水库共拦蓄洪水 47.7 亿立方米，在应对嫩江 3 次编号洪水调度中，最大削峰率分别达到 61.6%、100% 和 39.5%，有效降低嫩江干流水位 0.37—1.27 米，实现了嫩江干流部分江段不超保。特别是 7 月 18 日嫩江支流诺敏河发生特大洪水时,尼尔基水库持续 27 小时零出流,为诺敏河洪水错峰,有效保障了嫩江汉古尔堤及诺敏河干流堤防防洪安全;丰满水库 2 次控泄,积极配合应对溃坝洪水及流域性较大洪水,日均出库流量分别减少至不超过 800 立方米每秒、500 立方米每秒,有力减轻了松花江干流防洪压力;察尔森水库共拦蓄洪水 4.85 亿立方米,削峰率达 86.6%,有效减轻了洮儿河干流及月亮泡水库防守压力。

日夜坚守、连续奋战,打赢防汛抗洪"持久战"

面对严峻汛情,松辽委各部门、单位牢固树立全委"一盘棋"思想,加强值班值守,广大党员干部"守土有责、守土尽责、守土担责",坚守各自岗位,主动担当作为,汛期共值班值守 129 天,第一时间掌握流域汛情动态,及时传递防汛抗洪关键信息,在防汛抗洪的幕后,发扬连续奋战精神,打赢了防汛抗洪"持久战"。

松辽委大楼的十二楼,有那么一个四五十平方米的值班室,在汛期,常年灯火通明,这里始终有人坚守,不曾离开一步,这里是每个防汛人的"战场",也是每个人的"家"。带班领导始终心系流域人民群众安全,经常深夜到值班室了解汛情,指导防汛抗洪工作。值班人员斗志昂扬、只争朝夕,没时间照顾家里小孩、怀孕家属的,出工作组以后回来接着连续值班的,一大早就来单位忙碌工作的,熬夜写材料的……这些都成了汛期的日常。党员干部以身作则,舍小家为大家,克服家中的困难,以自身的模范行动为党员做示范、树标杆,用实际行动诠释着共产党员的初心使命。

今年洪水发生时间早、过程多、时间长,6 月就开始进入忙碌的值班状态,一直持续到国庆假期之后,这个汛期,松辽委严格执行值班值守制度和委领导 24 小时带班制度,广大党员干部昼夜值守,在防汛关键期,更是积极响应水利部号召,全员取消休假,大家齐心协力、密切配合,用责任和担当凝聚攻坚克难的动力与信心,让党性光芒在防汛路上熠熠生辉。

回顾 2021 年汛期,松辽委始终坚持以习近平新时代中国特色社会主义思想为指引,以习近平总书记对防汛救灾工作的重要指示精神为根本遵循,全委广大党员干部以雨为令,闻汛即动,充分发挥基层党组织的战斗堡垒作用和党员的先锋模范作用,用扎实的专业技术和务实的工作作风践行着表率先锋模范作用,践行着松辽水利人的使命和担当,为松辽流域人民守好一方安澜。

寒冬将至,今年的防汛工作暂时告一段落,汛期虽然过去了,但防汛人、防汛工作一直都在路上,他们总结经验、查漏补缺,他们重整旗鼓、蓄势待发,他们时刻以共产党员的昂扬斗志,践行初心,担当使命,为流域的江河安澜、为人民群众的生命财产安全,继续奉献自己的青春和力量!

(撰稿人:雷德义)

坚守一线践初心　踏浪冲锋显担当

——记录黑龙江干流上游工作组故事

水利部松辽水利委员会

　　有一种担当,令我们敬仰;有一种精神,让我们感动。防汛紧要关头,总能看到一支支"逆行"队伍的身影——水利防汛工作组、专家组,哪里有险情,就往哪里去,第一时间奋斗在防汛一线,汛情不解除,他们就不会撤离,倾尽全力,发挥专业技术优势,力保江河安澜。

　　2021年6月14日至17日,大兴安岭地区普降大到暴雨,其中,漠河(市)、塔河县、甘南县、呼玛县累计降雨量达到50—100毫米。受强降雨影响,大兴安岭地区塔河县、呼玛县黑龙江水面异常宽阔,县城停水、停电,老百姓的生活都受到了影响,"这个水可比头几年的洪水大多了","今天晚上洪峰就能到咱们这,挺过去就好了","洪水"成了这几天大兴安岭地区老百姓常挂在嘴边上的事,许多地势较低的店铺,门口堆满了沙袋,防止洪水进屋。

　　根据水文部门水情预报,6月22日至27日,黑龙江干流开库康至三道卡段将出现洪峰,洪水量级为30年至50年一遇,将超过堤防现状防洪能力,防汛形势紧迫严峻。

　　"到汛情最紧急、抢险最困难的地方去,了解最真实的汛情险情,督导解决一线的突出问题",面对严峻汛情形势,按照水利部工作部署,松辽委防汛人员再次放弃周末休息时间,驱车10多个小时,行驶近900公里,于6月20日18时赶到了大兴安岭地区加格达奇区。面对雨情、汛情,大家展现了恪尽职守的责任、雷厉风行的作风,真正彰显了"雨情就是命令、防汛就是责任"的使命担当。

由于此次洪水来势急,汛情发生快,工作组顶住压力,全力以赴,将工作节奏一再提速,大坝上、村屯内、堤防边,处处留下了他们忙碌的身影。尽职尽责工作,尽最大能力减少洪水对人民群众造成的灾害损失,"一丝不苟,无私奉献"成为工作组各位成员的工作信条。

在得知塔河县黑龙江干流开库康段堤防有漫堤的可能,将淹及开库康乡后,工作组立即要求前往现场指导当地抢险。到达现场后,工作组发现黑龙江干流回水堤可能最先发生漫堤,立即向大兴安岭地区相关人员提出堤防抢险建议方案。在工作组的建议下,当地立即调动抢险人员及挖掘机、推土机等大型机械设备,在黑龙江干流回水堤抢筑子堤,即将漫堤的堤防最终抢险成功。

6月22日,为应对黑龙江干流上游超标准洪水,水利部又加派工作组到大兴安岭地区检查指导工作,在查看完黑龙江干流依西肯段堤防洪水现场后,晚10时,水利部工作组紧急组织召开抢险救灾会商会议,听取大兴安岭地区工作汇报,并与应急管理部门沟通协调,共同商讨堤防险情处置和洪水防御工作。

夜已深,时针指向0时。编写水情、汛情、险情及抢险情况报告,整理照片、视频,制作幻灯片汇报材料,争取在第二天早6时前将前线工作组掌握的第一手资料提供给水利部、松辽委会商使用,为水利部、松辽委调度指挥决策提供支撑,工作组的工作仍在继续。

6月23日,根据当日雨水情预报,黑龙江干流三道卡段或将出现50年一遇洪水,洪水量级超过了30年一遇的堤防设计标准,呼玛县三卡乡面临洪水的威胁,情况紧急、形势严峻。

在三卡乡,暴雨突发,道路冲毁,交通受阻,驰援路上困难重重;断水断电,物资缺乏,险象环生,顶着烈日的炙烤,在堤防上吃盒饭、吃泡面,席地而坐休息,极端条件下,工作组的工作面临着非同寻常的考验。

由于三卡乡黑龙江干流回水堤堤防长时间高水位浸泡,堤防多处发生管涌、渗水险情。通过巡堤,工作组发现一处管涌险情群,涌出来的水十分浑浊,涌水范围大,现场观察水流已经在堤防内部形成通道,情况十分危险。工作组人员立即告知当地相关人员,此处管涌险情如任其发展,将会导致堤防溃决,现在必须立即组织抢险。大兴安岭地区,地广人稀,呼玛县三卡乡离中心城市较远,加之去往三卡乡的道路被水淹没,抢险物资的运输更加困难,用于管涌险情抢险使用的沙砾石材料严重不足,面对物资物料匮乏,工作组凭借过硬的专业技术,提出使用树枝当滤料的抢险方案,结合利用现有的砂石料对管涌险情群进行反滤导渗、装袋、传送、围填……经过2个小时的紧急抢险,管涌群的险情得到了有效控制,不再扩大,渗出来的水变成了清水。为彻底清除隐患,在烈日炙烤的堤防上,工作组在现场严盯死守8小时,直至险情得到有效控制才离开,工作组成员的手臂和脸都被晒伤了,但脸上却露出了踏实的笑容。

工作组冲锋在前,驻守一线,正是由于他们这些"主心骨"在,当地抢险人员才知道应对险情要做什么、怎么做,各项抢险工作才能紧张有序地开展,危险才得以顺利的解除。险情不解除,人员不撤回,洪水面前,水利人的果敢和担当,为保障人民群众生命财产安全发挥了重要作用。

洪水是一场大考,考验着承担防洪任务的水库、堤防,更考验着奋战在防汛一线的工作组、专家组。2021年汛期,松辽委陆续派出21个防汛工作组、专家组,共计80余人次奔赴黑龙江省、吉林省和内蒙古自治区防汛一线,协助、指导地方开展洪水防御工作,这些"智囊团""急行军",他们以对党和人民高度负责的态度、用扎实的专业技术、丰富的工作经验、务实的工作作风,化解一个个难题,排除一个个危险,为捍卫生命堤坝、保卫人民生命安全提供了有力支撑。尽管雨水浸湿了他们的衣服,但他们用实际行动传递着全力保障人民群众切身利益的决心和信心,诠释着松辽水利人的初心和使命。

忆往昔,大禹治水造福子孙;看今朝,松辽水利人传承、弘扬"忠诚、干净、担当、科学、求实、创新"的水利精神,在松辽流域的锦绣河山,浓墨重彩,续写着辉煌。沧海横流方显砥柱,在灾难中闪现的互助光辉、困境中激发的坚韧力量,会成为这个夏天许多人共同的记忆,并在下一次风雨来临时,成为战胜困难的盔甲和武器。

（撰稿人:边晓东）

把脉江河逐梦人

——立足岗位奉献青春的优秀共产党员
牛立强的故事

松辽水利委员会水文局(信息中心)

2021年6月,当我看到牛立强手捧中共吉林省委省直机关优秀共产党员鲜红证书载誉归来的时候,我眼前即刻浮现出他和许多水文人一道不舍昼夜为流域安全度汛保驾护航的感人场景。

在水利战线有这样一群人,岗位平凡但责任重大,他们就是被称作水旱灾害防御工作"尖兵、耳目、参谋"的水文人。牛立强就是这个队伍中一名了不起的年轻共产党员。

牛立强自2011年6月从南京信息工程大学大气科学专业毕业后,便投身气象预报服务事业,坚守在天气预报一线,已经有11个年头了。他先后从事短期、短时天气预报预警和决策服务工作,每年预报值班数均超过平均工作量,预报质量多次名列前茅。曾作为骨干参加应对吉林省各类灾害性天气、重要活动和突发事件,特别是在2012年超强台风"布拉万"、2013年嫩江松花江大洪水、2015年第十届东北亚博览会、2016年朝核应急突发灾害性事件等重大气象服务保障中,提供了及时准确的预报,贡献突出,曾获"中国气象局2012年度优秀值班预报员",吉林省气象局2013年、2014年省级短期综合预报质量第一名等荣誉称号。

作为水旱灾害防御工作的业务骨干,从2019年起,他开始独自负责松辽流域气象预报领域及多个不同业务范畴的工作。他提供的中、长期预报成果为松辽流域水资源调度管理提供了可靠的技术支撑,有力保障了流域区域粮食安全、供水安全和生态安全。特别是2020年参与完成的引察济向应急补水项目,有效抑制了向海湿地自然环境恶化,维系了湿地的生态功能。他提供的中短期预报成果为松辽流域洪水科学精细化调度和防汛抢险救灾提供了可靠的技术保障,在2020年松辽流域遭受台风三连击防汛的关键时期,他发扬不畏艰难、连续作战、勇于探索、顽强拼搏的精神,每天多次进行实时气象预报,跟踪分析台风路径及雨区变化,共完成预报作业266站次,整体预报精度达到85%以上,为水库调度决策及全面部署流域防汛抗洪任务提供了可靠的参考依据,确保了人民群众生命财产安全。因此,他多次代表松辽委水文局参加水利部及中国气象局组织的长期预测会议发言交流,提供的预测结论得到了领导和专家们的一致好评。

牛立强同志作为松辽委水文局唯一的水情气象预报员,回忆起2021年10月7日刚刚结束的防汛水情值班工作,心情有些难以平复。2021年,松辽流域洪水较往年发生早、时间长、量级大、范围广。入汛以来,松辽流域共发生12次大范围强降雨过程,流域共有44条河流发生超警以上洪水,其中,15条河流发生超保洪水,6条河流发生超历史洪水,河流最长超警天数达 70 余天。汛情就是命令,松辽委上下一心,为保证流域安稳度汛,守住一方安澜,水文人积极行动。

如果说洪水预报是防汛的先手棋,那降水预报就是洪水预报的先手棋。他倍感肩上责任的重大,和全体水文人一起,坚守"求实、团结、奉献、进取"的水文行业精神,启用"5+2""白+黑"180 天的工作模式,从容应对又一年防汛大考,他当仁不让地独自挑起松辽流域防汛气象预报业务的大梁。

牛立强凭借一名年轻党员勇立潮头的奉献精神,以绝对的忠诚和坚强的党性,和松辽委水文团队一起,把脉江河,为流域安全度汛筑起一道道密不透风的"红色堤坝"。

4 个多月里,他和同志们一道,共接收各类水雨情信息 9 492 万余份、转发 11 750 万余份,其中向水利水文局转发 10.5 万份,接收卫星云图 6 万余幅,接收各类长、中、短期天气预报信息 700 余份;共发布洪水预警 43 次,其中蓝色预警 20 次,黄色预警 19 次,橙色预警 4 次;发布嫩江洪水编号 3 次,松花江洪水编号 1 次;完成每日水情 122 期、水情气象简报 32 期、水情气象预测预报 106 期;完成降水预报作业 1 550 余区次、洪水预报作业 3 000 余站次,流域关键场次洪水预报精度达到 85% 以上,其中重点地区达到 95% 以上;与水利部信息中心、松辽流域气象中心及四省(区)水文部门开展气象水文联合会商 330 余次……

看到这组数据,他和同志们的心中总是有着一种美滋滋的踏实。可每次涉及家庭,不善言辞的他,总是憨憨地一笑。是呀,他就是千千万万水文人的一个代表。每个汛期,都和所有的水文人一样,舍小家为大家,把值好班、算准数、保护人民安居乐业作为义不容辞的责任。尤其是今年入汛以来，他几乎没休息过一个整天，连续奋战几个昼夜都是家常便饭。几乎把所有的时间和精力都放在了防汛值班室里，即使不值班，也是早出晚归。5岁的儿子奇怪地问妈妈："为啥总也看不到爸爸?"孩子生病了，妻子也想让"工作狂"的他挤出一点时间陪陪孩子。牛立强却认真地说："水文人水情预报测报工作可是水旱灾害防御工作中天大的事，我们不能出半点差错……还有，我还是男同志，我们单位的女同志哪个不和我一样坚守在岗位上……"他嘴上虽然这样说，但每次看着妻子有些憔悴的脸，心里也很歉疚。不只是对妻子、儿子，还有父母……他说："在暴雨洪灾来临时，必须把使命担当摆在亲情之前。"他是这样说的，也是这样做的。今年6月第三个周日的父亲节，他破例答应儿子和自己的父亲，中午回家要全家三代人一起好好吃顿饭。可谁能想到，正赶上嫩江干流和右侧支流发生强降雨，此时的降雨预报对尼尔基水库入库流量预报至关重要。那天，他一直坐在会商室的电脑前，心里、眼里全都是各类数据。他忘我地投身工作，一丝不苟，极度专注地进行各种分析预报，哪里还记得自己和儿子、和父亲的约定。更不知道，家人为了等他，饭热了又凉，凉了又热……

　　胜任水情气象这份工作，除了奉献精神，更需要与时俱进，超越自己。牛立强同志作为勇于创新的骨干，更是学习的能手。他思想上、政治上、行动上与以习近平同志为核心的党中央保持高度一致，时刻以一名优秀共产党员的标准严格要求自己，以全心全意为人民服务为宗旨，恪尽职守，无私奉献，科研成果丰富。他先后参加了10余项省部级、司局级项目，获吉林省科学技术三等奖 2 项、水利部松辽委科学技术进步奖一等奖 1 项、二等奖 1 项。他不断探索气象预报新技术在洪水预报中的应用,将多模式变权集成方法应用于松辽流域中短期降水预报,提升了预报精度;探索大气环流因子对松辽流域降水的影响,丰富了长期预测手段;将雷达测雨技术应用于诺敏河流域,解决了该流域雨量站密度不足的难题。作为骨干,参与《松辽流域水情年报(2016)》等书籍的编写,撰写的 10 余篇学术论文中,获吉林省自然科学学术成果三等奖 1 项、吉林省气象学会第五届年会优秀论文三等奖 1 项。

青春勇担当,追逐水文梦。牛立强,松辽委的一名把守护流域安全度汛看作比生命还重要的水文人,用自己的言行诠释了一名共产党员的先锋模范作用。

(撰稿人:郑秀文)

党旗飘扬，水利人战暴雨显担当

山东省海河淮河小清河流域水利管理服务中心

2021年7月至10月，山东省先后经受台风"烟花"和秋汛暴雨的严峻考验，境内临沂市临沭县龙门水库、漳卫南河沿线大堤出现不同情况险情。危急时刻，山东水利人勇于担当，一名名党员干部挺身而出、迎危而上，战暴雨显担当，谱写了一曲曲动人的乐章。山东水利人用实际行动深入践行习近平总书记在庆祝建党100周年大会上提出的"坚持真理、坚守理想，践行初心、担当使命，不怕牺牲、英勇斗争，对党忠诚、不负人民"的伟大建党精神。

7月28日，受台风"烟花"影响，山东省临沂市持续强降雨。根据临沂市临沭县龙门水库附近玉山站雨情信息，龙门水库龙门气象站点当日降雨量已达221毫米，小流域高强度降雨促使龙门水库水位迅速上涨形成溢洪，高位水头下坝体渗透压力同步加大，给水库安全带来严峻考验。28日19时，龙门水库坝体中段背水坡突然出现土方滑落险情，土方滑落区域延坝轴线长20米、宽3米，面积约60平方米。

突如其来的水库险情，打破了临沭县的宁静。一时间，所有人的情绪都紧绷起来：临沭县龙门水库下游周边有山里南、山里北、戴河3个村1100户，合计2800人，一旦水库溃坝，将严重威胁下游多个地势低洼村人民群众的生命财产安全！

水库险情瞬息万变,在这个暴雨如注的夜晚,龙门水库下游的人们还没有来得及反应过来,一场与时间的赛跑、一场与生命的较量却已经开始了。

接到险情报警后,在临沂市当地有关部门的组织下,龙门水库下游的山里南、山里北、戴河 3 个村 2 800 人开始紧急撤离,龙门水库临近的西盘水库下游群众也开始紧急撤离。

分秒必争,水利人逆行而上

龙门水库的险情不仅牵动着全省人民的心,也受到国内新华社、《大众日报》等主流媒体的高度关注。就在人们持续紧张地关注水库险情时,有那么一些水利人,开始顶着暴雨,向险前行,迎危而上,冲在了防汛抢险的最前线。

7 月 28 日 21 时,受山东省水利厅委派,由山东省海河淮河小清河流域水利管理服务中心郭保同与刘俊锋两位同志组成的工作组紧急连夜由济南出发赶赴临沂市临沭县龙门水库。在深夜赶往临沂的途中,两位同志认真研究龙门水库出险情况的报告,时刻通过雨水情网络关注临沭县雨情动态,通过工程信息库查阅龙门水库基本工情信息、下游河库及涉及村庄等信息,通过联系现场人员及时了解现场雨水情、险情动态,并根据以上信息分析研判,提前预备初步抢险方案。

7 月 29 日凌晨 1 时 20 分,郭保同、刘俊锋两位同志到达龙门水库现场,第一时间查看了水库出险部位。

夜里暴雨如注,虽然坝上有应急照明设施,但是视线依然十分模糊。从天上倾泻而下的雨水顺着脸颊滑落,脸上已分不清是汗水还是雨水，站在对面都看不清人脸。在这样恶劣的天气下，郭保同、刘俊锋两位同志丝毫不敢懈怠，步步靠近土方滑落区域仔细查看，与现场有关专家商讨紧急处置方案。

通过现场查勘，工作组发现，龙门水库大坝中间坝顶低洼部位出现重大滑坡险情，土方滑坡区域纵向宽度达 17.5 米，横向坡长约 30 米，平均坍塌深度约 3 米，坍塌触及坝顶宽度达 2.5 米。

"为尽快解决险情，必须要想办法加快库区排水。"在第一时间查看出险位置后，郭保同斩钉截铁地表示。经过紧急会商，专家组商讨决定采用溢洪道加大泄洪能力和大功率水泵抽排方式降低水位，以降低坝体安全风险和出险部位险情扩大风险，为之后出险部位的修复提供有利时机。

在现场，郭保同发现由于水库新溢洪道位于坝体左端，出险位置在坝体中部，左侧无进场道路，设备无法进入，开挖新溢洪道只能考虑从坝体右端开辟。另外，由于当时现场无法查阅大坝地质断面图，为确保坝体安全，郭保同当即建议在大坝右外侧老溢洪道（除险加固之前废弃的）位置进行开挖泄流。

郭保同的建议得到临沂市领导、专家的一致认可，并予采纳，由现场总指挥临沂市代市长任刚同志宣布实施。

随即，临沂市组织的 200 名抢险人员、3 台挖掘机投入抢险。抢险人员用土工布对塌方区域进行覆盖，用沙袋回填出险处，防止进一步滑坡。同时，使用放水洞放水，抽调抽水泵数台运往水库。

7 月 29 日凌晨 3 时 20 分，三台挖掘机在龙门水库老溢洪道位置开始分段开挖。经郭保同与现场专家一致商讨后决定,考虑到挖掘机开挖过程中会遇到坚硬岩层,现场再调集一部液压锤赶往现场。

7月29日9时25分,老溢洪道挖通并开始分泄库水,泄量约5立方米每秒。随着水库水位的逐步下降,液压锤配合挖掘设备持续作业,老溢洪道渠底不断被开挖加深泄流。

抢险救灾分秒必争,一刻也不能耽搁。干群一心,众志成城。经过昼夜奋战,从29日下午开始,龙门水库的水位明显下降,险情得到初步控制。

7月29日17时30分,经过24小时的科学施策,龙门水库通过排水,库水位已下降接近2米,达到安全水位。经指挥部决定,紧急避险的群众可以返家,17时38分,满载避险的8辆大巴车驶出安置点,将水库下游人民群众安全送回村居。

经历了20多个小时紧急抢险的龙门水库,险情得到了有效控制,也让返家的群众倍感安心。临沭县临沭街道山里村村民李祥勇由安置点返回家中后,格外的高兴。李祥勇在接受记者采访时表示:"我们都非常好,我们也非常满意,等到洪水过去后,我们安全地回到我们村。回到家中发现一切正常、平安无事。"

危情解除,水利人仍毫不松懈

截至7月30日上午9时,龙门水库水位已降至159.8米,较溢洪道底高程下降3.38米,较分洪开始水位下降3.68米。

人民群众已经安全返回家中,但是在郭保同、刘俊锋看来,抢险处置工作仍然没有结束。30日上午,郭保同、刘俊锋再次巡查水库出险部位,发现出险部位仍有轻微渗水。经分析,采用目前增挖溢洪道降低库水位方案,坝体安全风险虽初步得到控制,但风险尚未完全解除。

郭保同遂将目前抢险进展情况及出险部位查勘分析情况汇报省水利厅,并建议采取泵车抽排,进一步降低库水位,直至死水位,为出险坝体部位的修复创造有利条件。同时,建议省水利厅从省物资储备中心调拨抽水设施协助排水。

郭保同等专家的建议随即得到省水利厅领导采纳。7月30日16时40分,省水利厅调派省物资储备中心2辆抽排能力为每小时10 000立方米的泵车到达水库现场,立即开始布置安装并开机抽排。

7月31日上午9时,经过连夜抽排,龙门水库水位已降至155.2米,距离死水位剩余约2米。水利部工作组也赶到现场指导有关抢险救援工作。经过3个日夜连续奋战,坝体安全风险已彻底得到控制。

在龙门水库抢险期间,郭保同、刘俊锋会同专家组同志在抢险现场连续奋战36个小时。从临沭县城到龙门水库坝顶的道路泥泞陡峭,连续几天,龙门水库所在片区持续高温,在毫无遮蔽的坝上,人站一会儿就会汗流浃背。然而,郭保同、刘俊锋战酷暑、抗劳累,以昂扬的斗志奋战在抢险一线。尤其是对于已经年满59岁的郭保同来说,不怕疲劳,是老水利人不畏艰险的行动勇气;连续作战,更是老水利人敢于胜利的坚定斗志。

水库险情也是重大新闻舆情,牵动着全省乃至全国人民的心。山东卫视、《大众日报》、新华社等媒体持续聚焦龙门水库抢险一线，及时回应人民群众关切。作为山东省水利厅水旱灾害防御技术支撑首席专家，郭保同在水库抢险现场第一时间接受记者采访，回应大众关切，讲述水库排险处置方案，让人民群众吃下了一颗定心丸。

面对2021年严峻的防汛形势，不仅飘扬在龙门水库抢险阵地上，还高高地屹立在漳卫南运河防汛抢险现场。

洪魔来袭，水利人全力以赴

2021年7月17至22日，漳卫南运河流域上游河南、河北境内连续普降大到暴雨，局地特大暴雨。受强降雨影响，漳河发生较大洪水，卫河发生大洪水。流域内山区大中型水库均泄洪，河南省卫河、共产主义渠中上游全线超保证水位，部分堤段发生漫堤。

受上游强降雨影响，下游山东省境内漳卫南运河发生1997年以来最大洪水，洪水防御工作面临台风"烟花"降雨、外来洪水和潮水顶托三重压力，防汛形势极为严峻。按照省水利厅安排，山东省海河淮河小清河流域水利管理服务中心于7月23日组织三个防汛抗洪督导组，分赴山东省漳卫南运河沿线的聊城、德州、滨州三市，现场指导洪水防御和抢险工作。

连续数日，聊城组、德州组、滨州组各组昼夜奋战，抢占防汛抢险的"胜利高地"。

7月30日晚，聊城组接到班庄闸险工再次出现渗水问题的报告，连夜与市县专家商讨问题并提出处置措施。

7月30日晚，德州市武城县西郑庄分洪闸消力池出现冒水，德州组第一时间赶到现场会商制定处置措施，7月31日凌晨2时30分处置完毕，凌晨3时再次检查无大碍后方才撤离。

8月1日，针对辛集闸洪峰来袭，滨州组对无棣县现场实施的管涌抢险演练进行现场指导。

作为滨州组组长，省流域中心总工程师刘炳兰在驻扎期间，每日都要巡堤巡河，查看河段、涵闸（涵管）、险工，分析研判洪峰峰值、影响范围、防守重点和处置措施，指导当地开展险情分析和制订险工险段、穿堤建筑物、桥梁等关键部位防御方案。

在漳卫河高水位过境的数日内，刘炳兰每天早晨起床洗漱吃饭后直接上大堤，中午12时多在水闸管理所的活动室里简单吃上一口饭后继续上堤巡查，晚上在驻地和市、县专家商讨汛情处置方案。

对于年过58岁的刘炳兰来说，白天风里来雨里去，晚上蹲在大堤的泥里水里，他冒着酷暑高温连续15天穿梭在漳卫河大堤上巡查、看守，以实际行动诠释了一名老水利人的担当。

在漳卫河高水位过境期间，沿线人民群众十分关心防洪度汛安全。为了及时回应群众关切，刘炳兰在大堤上接受记者采访时表示："在漳卫河高水位运行的情况下，一定要加强巡查，一旦出现渗流的出险，要及时采取应急措施，防止险情进一步发展。"

截至 8 月 5 日，漳卫河洪峰已通过无棣县埕口镇入海，水势平稳，水位、流量下降，山东省内漳卫河沿线无人员伤亡，沿河岸堤、闸坝等工程运行平稳。

漳卫河洪峰过后，滨州组组长刘炳兰仍然保持警惕，多次在河道沿线现场要求，退水期间易发滑坡等险情，各部门必须加强巡查工作，做好险情处置准备，全力保障漳卫河沿线人员和工程安全。

迎危而上，再赴抢险一线

8 月的漳卫河洪水刚刚过去，步入 9 月以后，山东省又遭遇历史罕见的秋汛，至 10 月初，山东省内三大流域同时发生超警洪水，其中山东省内漳卫河流域继 7 月之后再次发生 1 100 立方米每秒以上洪水，刷新近 20 多年来最大洪水纪录，防汛形势异常严峻。

9 月 30 日至 10 月 21 日，按照省水利厅部署，省流域中心紧急抽调人员成立 3 个专家组，其中刘炳兰继今年 7 月底 8 月上旬连续 15 天在滨州漳卫河一线驻守以来，第二次驻守漳卫河一线，开展防汛技术支撑工作。刘炳兰再次赶赴现场指导沿线洪水防御，确保漳卫河河道行洪安全，平稳度过汛期。

刘炳兰、郭保同、刘俊锋是汛期千千万万奋战在应急防汛抢险第一线的水利人中的普通代表。在坚强党建引领下，他们在防汛抗洪和抢险第一线不怕困难、敢于担当，充分发挥了党员先锋模范作用。他们不忘初心使命，恪守职责担当，冲在最前面、守在最险处，确保人民群众生命财产安全，让党旗在防汛抗洪一线高高飘扬。

　　"虚怀若谷，上善若水"是水利人追求的人生境界，"厚德载物，止于至善"是水利人追求的行为标杆。在党旗引领下，对于像刘炳兰、郭保同、刘俊锋这样普通的水利人来说，他们有着高度的责任感和使命感，他们以专业的精神、果敢的决断驱散了人民对洪涝旱灾的恐惧，他们以"忠诚、干净、担当，科学、求实、创新"的新时代水利精神诠释着水利人的人格本质。在他们的心里，人民最重，水利最重。

（撰稿人：李宝东）

党旗飘扬一线　党员冲锋一线

——济南市水文中心党员干部用行动讲好水文防汛故事

济南市水文中心

"主汛期防汛任务向来重,今年防汛任务格外重。"这是济南市水文中心防汛一线同志们的共同心声。今年以来,从迎战首场强降雨,到科学应对台风"烟花",再到顺利完成防秋汛工作,全体济南水文人在济南市水文中心党委的带领下,用责任和担当交出了一份优异的防汛测报答卷。

未雨绸缪,防汛预演在前、指挥靠前

进入主汛期前,济南市水文中心党委召开专题会议研究部署防汛工作,进一步完善了防汛应急指挥领导小组,成立了应急队、党员突击队。根据工作实际,以模拟台风"利奇马"过境济南为背景,在莱芜区组织进行了 2021 年应急水文测报暨超标准洪水测报演习。市水文中心党委书记、主任侯恩光担任本次演习总指挥,号召全体党员干部要有闻"汛"而动、舍我其谁的责任担当,要有向水而行、不畏艰难的英雄气概,要有统筹兼顾、安全第一的科学精神,全面检验应急预测方

案,锤炼应急测报能力,科学做好各项准备,为打赢台风"烟花"阻击战奠定了坚实的基础。

7月28日,为打好应对台风"烟花"攻坚战,济南市水文中心组织召开紧急视频工作会议,就台风期间水文测报工作做"战前"动员,通报最新天气预报和全市前期降水情况,分析预报18座大中型水库和小清河黄台桥水情。各部门、各区县水文中心积极交流防御台风的建议和意见。党委班子成员会上对分管工作进行了反复强调,会后按照分工分别下沉到分管党支部,现场坐镇指挥。

党建引领,支部战斗堡垒作用凸显

面对第6号台风"烟花"严峻防汛形势,各党支部积极响应市中心党委号召,坚持党旗飘扬一线、党员冲锋一线。7月27日,莱芜水文中心党支部召开迎战台风"烟花"防汛测报动员部署会,动员党员干部职工提高思想认识,把思想和行动统一到市中心党委决策部署上来,全力做好备战。7月28日,济西党支部召开党员大会,号召党员要不忘入党初心,坚定理想信念,以习近平总书记"七一"重要讲话精神为指导,担当作为,冲锋在前。7月29日,业务党支部党员同志们发挥主力军作用,奋战了一昼夜,对各区县水文中心上报的数据进行反复的分析研究,时刻关注雨水情变化,检查雨量站、水位站设备运行情况,为防汛指挥部提供了精准的数据,支部品牌进一步得到彰显。

9月以来,济南市累计降水290.6毫米,是常年同期的3.

5倍,是去年同期的6.2倍,列历史同期第一位。同时,黄河与本地洪水发生遭遇,导致本地洪水下泄不畅,全市18座大型水库10月9日蓄水量达到3.96亿立方米,创历史新高,防秋汛形势异常严峻。济南市防指于10月2日启动防汛Ⅳ级应急响应,于10月3日启动防汛Ⅲ级应急响应,面对严峻的防汛形势,济南市水文中心干部职工在市中心党委的领导下,提高政治站位,强化责任担当,进一步完善了各项防汛预案措施,加密了防汛测报频次,双倍强化应急处置人员物资准备,市中心党委班子成员按照分工连续坚持24小时值班值守。

直面挑战,党员突击队竞相争先

济南市水文中心党委注重发挥党员先锋模范作用,号召广大党员在防汛测报工作中站在一线、冲在一线、服务一线,成立了水文测报应急"党员突击队",并组织了授旗仪式,签订了承诺书。"党员突击队"成员由应急队和应急预备队中党员组成,大部分是市水文中心机关的党员。他们虽然在一线工作时间短,但是在执行任务中却敢于直面挑战,坚持边学边干,以实际行动践行中心党委嘱托、兑现共产党员的承诺,在防汛紧要关头冲锋在前、抢占一线,勇当济南水文的排头兵、先锋队,为主汛期全市安全度汛奉献力量。

受降雨和跨境河道上游来水影响,山东省黄河、东平湖、漳卫河发生超警戒洪水,南四湖持续超汛限水位,全省防汛形势严峻。10月8日,莱芜水文中心在做好本辖区防汛工作的同时,积极响应省、市水文中心紧急通知要求,前往聊城市水义中心南陶水文站支援一线洪水测报工作。莱芜水文中心党支部书记、主任巩玉军召开紧急部署工作会,进行人员调度,安排工作对接和安全保障工作。刘冰同志作为党员积极发挥先锋作用,与其他2名业务能手李鹏飞、张宁组成应急支援队伍前往支援。防汛物资保障部门迅速为应急支援队备齐备全了水文测报设备、紧急医疗救助包、救生衣、对讲机等应急物资,全力做好保障工作。

勇立风口,一线党员不畏艰险

水文人是风暴中的最美"逆行者",风暴再大,也大不过水文人战胜风暴的决心和信心;汛情越急,水文人越挺立浪尖激流。7月28日,注定是一个不眠之夜。防汛测报一线的同志们坚守在自己的岗位上,他们没有华丽的语言,只有默默的坚守和奔走在夜雨中的身影。鲜亮的救生橙、呼啸的风雨声、跳动的数据组,是对水文工作最大的肯定和鼓舞!每一名党员都是一面旗帜,哪里最危险,哪里就有他们的身影。7月30日,台风"烟花"过境济南后,各区(县)水文中心党员仍然坚持战斗在测报一线,为其他同志做出了很好的表率,为防汛应急测报做出了突出的贡献。

不管狂风还是暴雨,党员干部坚持河岸巡查,定时开展水位、流量监测,通力配合,准确、及时、全面地报送汛情信息,业务党支部委员刘铭,作为一名业务骨干,发扬了"革命战士是块砖,哪里需要哪里搬"的优良传统,经常24小时奋战在一线,衣服上留下的大片结晶碱渍已经分不清是雨水还是汗水。

济西党支部党员于询鹏今年上半年刚刚做完手部手术,仍然置身体的不适于不顾,坚持参加值班,积极到户外参加测流。业务党支部党员赵钰孩子小,为了做好秋汛防汛工作,常把孩子放到邻居家让人帮忙看管。党员舍小家顾大家,牺牲奉献的精神让人动容。10月1日至7日,仅历城水文中心共测流20余次,发布水情信息30余次。正是济南水文人的这种担当作为精神,才能够始终坚持把守护人民群众的生命财产安全责任扛在肩上,为济南防汛决策部署和水库调度提供了重要参考和支撑。

（撰稿人：侯恩光、俞金泉、胡云）

迎战超警戒洪水

——2021 焦作水文防汛纪实

河南省焦作水文水资源勘测局

2021 年焦作的主汛期与以往不同,7 月里的两场大暴雨接踵而至,不仅有北方的急骤,更有南方的缠绵,一场比一场下得猛烈,一场比一场下得持久,降雨等级不断地攀升,暴雨、大暴雨、局部特大暴雨!

焦作多年平均降雨量在全省十八个市中排倒数第一。近年来,黄河一级支流沁河的生态流量被水利部、环保部高度重视,大旱时,武陟水文站过水断面流量低于 1.0 立方米每秒。在 7 月的洪水中,仅在沁河的支流丹河上,就现场实测到流量 1 362 立方米每秒,而武陟水文站一度超过警戒水位,洪峰流量达 1 510 立方米每秒。

酷暑保畅通

7 月 9 日,水文预警测报系统没有收到西金城、南坡、青天河三个站的发报信息,水情测验科科长、党员李佳红随即组织人员前往检修。出发时,气象局发布了 37 ℃的高温橙色预警。

三处雨量站恰好都在博爱县,西金城、青天河均是电池问题,没有耗费多少时间就处理完毕。

南坡地处太行山中,属沁河支流丹河水系,林密人稀,村里只有 10 多户人家。雨量站接收移动信号非常弱,时断时续。大家沿村走了一圈也没有更合适的位置,只好在原来的屋顶不断地挪移,尝试能找到最佳的信号接收角度。

不知不觉中,一个小时过去了,正午的太阳似乎要把石头晒裂,空气中弥漫着橡胶焦煳的味道。

"我的脚晒得生疼,下次一定穿袜子出来。"李佳红一边手举移动天线,一边跺着脚。

"数据发出去了!"大家一阵兴奋,终于可以收工了。时间指向 14 时,几个人还没有吃午饭。

"气象预报已将橙色预警更新为红色预警了,现在气温40 ℃!"不知谁看了手机惊呼起来。

"记忆中,这是焦作第一次天气预报超过 39 ℃。"回来的路上,大家热烈地谈论着天气。谁都没有想到,正是他们这次雨前维护,南坡雨量站准确记录了第一场 117 毫米的大暴雨,为下游防洪预警提供了强有力的数据支撑。

暴雨初练兵

7 月 11 日(周日)5 时,小雨起。8 时,雨强加大,第一场暴雨正式登场。

面对暴雨和汛情,局长吴庆申第一时间进行周密部署,要求焦作水文水资源勘测局(简称焦作水文局)全员到岗,全面检查缆道、流速仪、发电机、电波流速仪、ADCP（Acoustic Doppler Current Profiler，声学多普勒流速剖面仪）等应急监测设备，所有车辆加满油，确保随时出发测报洪水。

7月11日11时，雨势减缓，稀稀拉拉滴过了午饭时间。刚过15时，暴雨再次来袭，两路水文应急测报突击队冒雨出动。

吴庆申带领党员应急突击队，奔赴丹河的巡测站。当他们辗转赶到闪拐上游的双磨村农用桥时，洪水几近桥面，似乎触手可及，交警拉出了警戒线，汽车和行人全部禁行。

整棵的树木、巨型的储罐桶，不断撞击着桥面，"咚咚"作响，令人不寒而栗、胆战心惊。突击队员顾不得危险，从桥的两头同步开始，用手持电波流速仪测流速、读水位、求断面、算流量。每次上桥，大家心里想的都是"快点，再快点"，尽量减少在桥面的作业时间。直至21时洪水回落，共测洪5次，实测最大流量为666立方米每秒。

测报中心主任、党员孟文民带队巡测新河的杨楼、山门河的五里堡两站，随时准备支援修武国家基本水文站。

第一场暴雨历时不到24小时，以修武县为重，东岭后、一斗水都接近200毫米，全市50%的遥测雨量站降雨量超50毫米，丹河出现了1957年以来最大洪水，山路坪水文站洪峰流量达1 170立方米每秒，为历年实测最大流量第四位。

面对这场大暴雨，全局20人上下配合，内外兼顾，突击队员以老带新，在应急监测实践中，熟悉了手持电波流速仪、ADCP的操作和流量计算方法，及时编发水情信息100余条，极大地锻炼了队伍的应急处置能力，提高了测报能力，真正做到了"测得出、算得准、报得快",得到了焦作市副市长武磊的充分肯定。

《焦作日报》、"学习强国"分别报道了焦作水文人应急报汛的事迹,《焦作晚报》更是在头版头条,用整个版面刊发了焦作水文人的测流图文信息。

暴雨过后,焦作水文人并没有停歇。

7月12日5时47分,党员应急突击队已在温县白马沟的沁河大桥上开始测流。面对洪水,背后的重型卡车不时呼啸而过,桥面在车轮的快速碾压下瑟瑟战栗,每次测流下来,总给人涅槃一般的感觉。

"雨后水浑、杂物多、流速快,应急测流首选是电波流速仪。"当用 ADCP 测不到数据时,吴庆申向大家传授经验。

相比沁河,这次洪水没有给蟒河带来太大的变化,水势较缓、杂物较少,适合 ADCP 练兵施测,"大家使用时要格外注意对探头的保护,稍不注意磕碰、进水,几万块钱的核心部件就报废了。"

在随后几天的洪水调查中,副局长焦迎乐现场指导2021年新入职的几位"90后"开展河道断面、比降的测量和电波流速仪的实践操作,强化了"理论—实践—再理论—再实践"的学习理念,年轻同志的成长一日千里。

洪流中成长

7月18日20时,大雨打破了宁静的夜空。

7月19日4时,有20个巡测站降雨超50毫米,第二场暴雨来袭!

　　汛情就是命令、测报就是战斗。4 时 40 分,应急测报突击队以战时状态集合,局长、书记兵分两路紧急出动,突击队员 90% 是共产党员、50% 是"90 后",他们一路顶着狂风暴雨,赶赴沁河、大沙河、丹河、山门河、新河、白马河、逍遥石河等 14 个巡测站,利用电波流速仪、ADCP 等设备,一个站接一个站测,重点断面连续多次测,力争记录整个退水过程。

　　丹河在第一场暴雨中刷新了历史纪录,这一次仍是密切关注的重点。7 月 19 日 10 时 27 分,突击队赶到闪拐巡测站,水面只占到河道的一半宽,大家用电波流速仪施测的同时,又结合浮标法进行验证。

　　当丹河第二次测流结束时,收到沁阳市水利局请求援助的电话,逍遥石河上游水库溢流,西向镇横道村出现险情。12 时 20 分,突击队赶到横道,村口党旗飘扬,沙袋高筑,防汛队伍严阵以待,村民全部向高处疏散。队员们紧急测量桥的深度、宽度、桥面栏杆的高度,以及河道宽度,以备流量计算。

　　7 月 19 日 12 时 42 分,上游水头快速流动过来。工作不到半年的石金鹏手持电波流速仪站在桥上,"我第一次见到水头来时是什么样子的!"他兴奋地记录着流速,1.5 米每秒、2.0 米每秒……13 时 02 分,洪水漫过了桥面,半个小时过后,水位与桥面的栏杆齐平,流量超过 200 立方米每秒。

　　7 月 19 日傍晚,焦作市防汛指挥部启动水旱灾害防御Ⅳ级应急响应时,吴庆申正率领着突击队冒雨奋战在逍遥石河的水北关巡测站,"终于测到洪峰了。"李佳红满脸洋溢着喜悦,可谁也没有料到,水北关巡测站会消失在随后几天的更大激流中。

这场暴雨的第一个 24 小时共有 138 个雨量站发生降雨，106 个站雨量超过 50 毫米，38 个站雨量超过 100 毫米。截至 7 月 19 日 20 时，7 月降雨量比 2020 年同期增加 164%。黄河支流沁河、蟒河，海河支流大沙河水位再创历史新高。

7 月 20 日暴雨持续，焦作防汛应急响应分别于 20 日 20 时、21 日 12 时提升至Ⅱ级、Ⅰ级，21 日 8 时至 22 日 8 时修武县东岭后出现特大暴雨，降雨量为 277 毫米，最大 1 小时降雨 54 毫米！各支流河道纷纷传来消息：大沙河告急、逍遥石河告急、丹河告急、新河告急、山门河告急、蟒河告急……

往日干涸的蟒河不到 20 米宽，而今摇身一变成了超过 200 米宽的汤汤大河。

丹河闪拐巡测站，实测洪峰流量 1 362 立方米每秒，2021 年第二次创历史纪录。

西村和田坪两个雨量站 4 天降雨均超过 600 毫米，致使下游的修武国家基本水文站超警戒水位、超保证水位、超历史最高洪水位！一项项建站以来的水文纪录被打破。焦作市委书记葛巧红，市委副书记、市长李亦博三次到修武查看水情，指挥抢险。

5 天的连续作战，党员突击队员们有时一天只吃一顿饭，饿了吃块饼干。暴雨中巡测回来，雨衣穿与不穿没有什么区别，脚泡得起皱发白，走路就感觉像光脚走在石子路上。衣服顾不得洗，穿了湿、湿了穿，自己都能闻到裹在身上的馊味。大家嗓子哑了，眼中充满血丝，有的同志手脚碰破，没有喊一句苦，也没有叫一声累，只要听到出发命令，依旧精神饱满地冲向第一线。李佳红忍着腰椎间盘突出的病痛,身上贴着膏药,硬是没有耽误一次测流。7月20日,郑州普降特大暴雨,有两位班子成员家在郑州,他们无暇顾及受灾的家人,仍坚守在防汛测报第一线。焦作市大部分小区停水、停电,当面临洪水威胁的家人打来电话时,综合科科长赵志鹏宽慰着说:"汛情严峻,我暂时回不去,你们要相信政府,听社区和物业的安排。"

为应对第二轮暴雨洪水,作为防指主要成员之一,焦作水文局共同参加了由市政府领导主持的全市防汛会商专题会议15次。副局长焦迎乐每天负责编发雨水情日报和水情快报,每日参加下午5时固定的防汛会商会,还有不分时间召开的紧急会商,汇报最新水文监测数据,提出防汛意见建议,平均每天休息不超过4小时,根本无暇问及家里今年参加高考的孩子。截至23日20时,编制会商报告15份、雨水情快报70余份、水情信息600余条。

综合科、水资源科的同志主动加入水情值班,积极开展雨水情服务工作,分析研判水情发展态势,24小时不间断报送水情信息,每小时报一次水库信息,每3小时向市政府报一次洪水测报结果,最高实现逐时报送。所有人按照战时状态要求,吃住在办公室,没有一人请假回家。同志们相互体贴、彼此担待,老同志心疼新入职的同志,总是抢着值后半夜,去年新参加工作的宁孝康匆匆眯上几个小时就又来接班;闫志敏在水利局值完班,顾不上休息又参加局里值班;宋小鸥7月19日刚休完产假,就立即投入到水情工作中;吕雪茹直接把尚在哺乳期的孩子带到了单位;修武站的董向东家里老人、孩子出交通意外,却没有请一天假,始终坚守在测报一线;水资源科的王帅一天不漏,全程参加巡测。

焦作水文局党支部测报不忘宣传,《中国水利报》7月22日第三版刊登了5幅水文职工一线的工作图片,7月23日更是在头版刊登了焦作水文局监测大沙河水情的图文信息。另有6幅防汛图片收录于微信公众号"水利文明"7月23日的《河南省水利厅:党旗飘扬 水利人在行动》一文中。8月24日和9月18日,《中国水利报》再次刊登焦作水文人防汛测报的照片。今年3月才入职、照片登上《中国水利报》头版的石金鹏喜悦的心情溢于言表:"原以为工作后会很平凡,没想到自己的岗位这么重要、这么有意义,我找到了自己的人生价值。"

支援赴灾区

焦作水文人与时间赛跑,连续经历了两场建局以来超历史大暴雨阻击战,新兵成了老兵,老兵更加老练,整体业务水平得到极大提升。7月25日晚,焦作水文局接到省水文局支援鹤壁防汛抢险的紧急通知,局领导班子迅速商议,在焦作水旱灾害防御Ⅲ级应急响应、每天3个小时报一次水情、人员紧缺的情况下,抽调6名同志组成应急测报突击队,在吴庆申的带领下赶赴灾区。

7月26日上午,突击队赶到滑县曹湾长虹渠滞洪区退水口的测验断面,水面宽约2千米,平均水深3米左右,溢流堰上有5个水流湍急的泄洪口,风大浪急,地形复杂,面对一眼望不到边的泽国，大家第一时间研判水情、确定应急测验方案，与兄弟单位并肩协作。

　　队员们大都不会游泳，每次乘坐冲锋舟测流都是一次考验。有的同志始终克服不了心理的恐惧，共产党员就主动争先上船，将风险留给自己，把安全让给他人。2千米宽的水面，冲锋舟来回一趟要1个多小时，1个小时报一次水位，4个小时测一次流量，数天下来，队员们的体力已逼近极限。7月31日晚上，遭遇11级风力的强对流天气，狂风卷着彩钢瓦搭建的临时用房从值班车辆旁边掠过，而河堤上数十棵大树也被吹断，但突击队仍坚持一线测流、上报数据。8月6日，退水口流量从最初的800多立方米每秒，下降至60多立方米每秒应急监测任务圆满完成。

　　在新的战场上，每一个突击队员赓续"求实、团结、奉献、进取"精神，助力兄弟单位打赢防汛抢险救灾保卫战，锤炼搏击洪流的战斗意志。9月15日，鹤壁市防办专程代表市委、市政府送来锦旗、牌匾和感谢信，与河南省水利厅党组授予的"抗洪抢险先进基层党组织"奖牌，让焦作水文局的荣誉室熠熠生辉。

　　　　　　　　　　　　　　　　（撰稿人：郝捷）

关键时刻顶得住

河南省鹤壁水文水资源勘测局

这是一次触目惊心的暴雨洪水！

这是一场史无前例的抗洪大考！

这是一份重如泰山的使命担当！

一场艰苦卓绝的抗洪抢险攻坚战在鹤壁打响,鹤壁水文,正在行动！

洪水肆虐　这里是重灾区

7月17日8时至22日7时连续5天,鹤壁市出现极端强降雨天气,全市出现大范围连续性特大暴雨,此次降水过程总降水量、日平均降水量和日最大降水量均创历史极值。降雨导致个别县(区)严重内涝,部分群众被困,一些道路交通受损,大量农田被淹。

持续强降雨造成境内河道、水库水位暴涨,卫河淇门水文站最大流量472立方米每秒,为历史最大流量,水位超保证水位1.63米,为建站以来最高水位;淇河新村水文站超保证水位0.15米;共渠刘庄水文站超保证水位1.05米,为建站以来最高水位。盘石头水库超汛限水位12.91米,为水库建设运行以来最高水位。

洪水之大，令人震惊。面对滔滔洪水，前来鹤壁支援的濮阳水文局突击队队员、参加工作40余年的老水文人王少平禁不住感慨道："我长这么大还没有见过这样的阵势！"

7月19日19时鹤壁市启动防汛Ⅳ级应急响应，20日22时、21日10时应急响应先后提升为Ⅱ级、Ⅰ级。

受暴雨影响，卫河发生了超过"63·8"洪水的大洪水。浚县超过一半的面积被洪水覆盖。7月22日，浚县新镇镇彭村卫河左岸大堤发生了决口险情，最宽时达到约40米、深约16米，河道流水以410立方米每秒的超保证流量不断下泄，严重威胁着群众安全。

为减轻防洪压力、确保群众安全，鹤壁市转移安置群众，6处蓄滞洪区良相坡、共渠西、长虹渠、白寺坡、柳围坡、小滩坡相继全部启用，浚县7镇全部沦陷在洪水中。

针对鹤壁市特别是卫河流域严重汛情，河南省水文水资源局科学决策，精准调度，迅速启动跨区域联动应急监测，12个突击队、71名队员依次进驻鹤壁，帮助开展应急测报工作。

7月31日傍晚，鹤壁出现极为猛烈的大风，局部地区风力14级，达到台风登陆级别，伴之雷暴、降雨，甚至冰雹，卫河河堤100多棵大树或连根拔起，或被拦腰斩断，大堤道路被阻断，给抗洪抢险带来了更大挑战。

防汛形势异常严峻，应急测报刻不容缓！

应急抢险　这里是主战场

沧海横流方显英雄本色。暴雨大洪水面前，鹤壁水文水资源勘测局(简称鹤壁水文局)扛稳责任,主动担当,坚决打好"主场"这一仗。

切实加强领导,落实责任,明确分工,严格落实领导带班和值班人员 24 小时值守制度,做好上下游水情工作沟通联系,密切关注并及时发布水情信息,形成目标一致、上下贯通、协同作业的工作组织体系,确保洪水面前不打乱仗。

班子成员分包各站、下沉一线,并根据需要随时到最需要的地方现场指挥。从局机关抽调 6 个业务骨干分别充实到各测站,浚县出现大洪水后,机关除留 1 名同志坐镇、4 名同志值班外,其余人员全部到抗洪一线,切实增强测报力量。党员突击队坚持到最艰苦、最需要的地方,始终奋战在防汛一线,开展水文测验和巡测作业。

洪水逐渐上涨,测报频次也要随之调整。鹤壁水文局按照省水文局安排,根据洪水实际,逐步加密测报频次,由每隔 2 小时一报增加至每隔 1 小时一报,后来,半个小时一报,这意味着有限的人手随时处于"打仗"状态。

淇门水文站、刘庄水文站分别是卫河、共渠上的重要水文站,处于这次暴雨洪水的关键位置,测报工作非常重要,任务异常艰巨。洪水暴发至今,两个水文站一直停电、停水,没有网络信号,蚊子很多。没有时间和条件做饭,驻站人员每天凑合着吃一些方便面、面包等充饥。暴雨过后,天气闷热,测流时汗流浃背,衣服全部湿透,又没有条件洗漱,弄得人苦不堪言。洪水后期,水质变差,发黑的水体和着上游冲下来的动物腐烂尸体,发出阵阵恶臭,测流时戴着口罩也几乎让人眩晕。

淇门水文站洪水自 19 日 8 时开始起涨,21 日 18 时超出警戒水位,到22日0时,开始每半个小时拍报一次。站上分工明确,工作有条不紊。虽然停水停电,但为了保障缆道测流需要,唯一的一台发电机也舍不得用于保障生活,唯恐关键时刻出现故障影响测流,再热的天他们都苦熬着。站上所有人克服困难,连续奋战,几乎没有休息时间,23日0时洪峰到达。

刘庄水文站从7月20日15时开始涨水,21日19时超出警戒水位,到22日19时水位达到洪峰值,超出保证水位。22日晚,刘庄、和庄等村民全部撤离,刘庄站开始停电,当测船已达不到测验条件时,站上商量决定用第二套测流方案,到下游3.6公里西郭村桥,徒步涉水去测流。大家三天三夜没有休息,共测流17次,发出水情信息70余次,测出历史最大流量。防洪形势最紧张时,半个小时一报水情信息,而站上停水、停电,没有网络,人手十分紧张,查看完水位,马上得四处找信号发报,往往刚发报完,就得进行下一轮发报过程,没有一点喘息机会。

暴雨洪水导致新村水文站站前防汛路多处塌方沉陷,交通阻断,站上停水、停电,站外的所有道路已被洪水淹没,变成一片汪洋,新村站俨然成了一座“孤岛”,给养一度供应不上。在三天两夜断水断电、两天只吃一顿饭的情况下,站上同志连续两天两夜没有休息,持续关注水情,抢测洪水。淇河属于山区性河流,暴雨期间河水陡涨陡落,稍一疏忽就抢测不到洪峰。7月22日3时淇河水位起涨,直至19时水位平稳。全体成员于3时开始,忍着饥饿、冒着大雨不间断测流,共测流12份,发报水情信息40多份,于早上8时测得最高水位、最大洪峰流量。

盘石头水库6天时间降水量比往年一年的降水量还多。泄洪洞开始开闸放水。强降水导致盘石头水库内山体滑坡、道路受阻,坝下缆道断面被山间乱石冲下,河底高程陡增一两米,给测流带来了重重困难。站上同志不畏艰险,克服测流途远路窄、坡陡弯急、交通不便等困难,手提肩扛,跋山涉水,沿小路前往缆道房测流。

8月7日,在大部分兄弟局水文突击队撤离后,按照省水文局部署,鹤壁水文局突击队承担长虹渠曹湾退水口、卫河浚县杨庄桥、小滩坡浚内沟大刘村退水口等处的测报任务,测流地点最远60多千米。受命以来,突击队员克服烈日炙晒容易引发中暑、疫情期间一些交通要道封堵、水质变差恶臭扑鼻等一系列困难,扎实细致做好每一次测流工作,坚决守好蓄滞洪测流的最后一道防线。

齐心协力,众志成城。7月17日以来,鹤壁水文干部职工全力以赴,逆水而上,累计测流117次,发布水情信息341次,做到了关键时刻顶得住、测得到、报得出、报得准,为抗洪抢险决策提供了坚实可靠的数据支撑。

忠诚担当　这里是活教材

洪水大考面前,鹤壁水文局党支部发挥充分战斗堡垒作用,共产党员、突击队员身先士卒,冲锋在前,党旗始终在抗洪一线高高飘扬!

党员带好头

党支部副书记、局长张少伟作为鹤壁水文局抗洪测报"掌舵人",始终紧绷抗洪抢险这根弦。他不仅统筹安排整个测报工作,一直在一线指挥各测站,特别是淇门站、刘庄站的测流工作,不时参加鹤壁市抗洪抢险有关会议,还要按照省水文局安排做好援鹤突击队的有关服务工作,洪水吃紧时从没睡过一个囫囵觉、吃过一顿安稳饭。支部委员、副局长李家煜是个业务能手,曾在全省水文系统水情测报勘测工大赛中获得第一名。他发挥业务专长,马不停蹄地巡回各个断面测流,有力促进了测报工作。共产党员、水情科科长何军,汛期坚守水情科,时刻关注雨水情,指导各站做好水情测报工作。共产党员、人事科科长裴东亮,共产党员、水资源科副科长赵清虎,驻守新村站进行测流,7月28日以来,按照市里安排,两人轮流在鹤壁市设在浚县的防洪抢险指挥部值班,赵清虎第一天值班时指挥部刚成立,他和另一位同志从早上8时值到第二天10时,夜间一分钟也没有休息。共产党员、浚县水文局副局长於彤旸,工作时脚被碰伤并发了炎,走路一瘸一拐,始终没有退下"火线",踮着脚为大家搞服务,他还积极协调给站上和兄弟局应急突击队送来生活用品。共产党员、盘石头水库水文站站长杨琦,洪水期间高度关注水库水位变化,半个小时记录一次水位,实时监测流量,做了大量艰苦细致的工作。

上阵父子兵

共产党员、淇门水文站站长李得保,虽然年近退休,但干劲十足,身先士卒,既当指挥员,又当战斗员,始终奋战在抗洪测报一线,特别在 7 月 21 日 18 时洪水超出警戒水位、22 日 0 时水位超出 65.50 米时,开始每半个小时拍报一次,李得保工作连轴转,几乎达到了废寝忘食的地步。共产党员、鹤壁水文局综合科科长李希伟,李得保的儿子,也是刘庄水文站原站长,因为熟悉共产主义渠水情,洪水暴发伊始就主动请缨到刘庄水文站工作,而半个小时一拍报的繁重任务,让他经常奔波于查看水位、编发信息、到处找信号发报,有时得跑一里多路才能发出信息,一个拍报流程下来疲惫不堪。由于两站距离不远,考虑到父亲年纪大了,怕工作太累身体吃不消,李希伟忙了刘庄站又帮淇门站,十几天时间,皮肤晒得黑黝黝的,活脱脱一个"非洲人"。他还协调郑州金水区东风路街道党工委、金水区森林半岛社区党支部为站上和李庄村村民送来一大批米、油、面包、方便面、矿泉水及发电设备等应急物资。

夫妻好搭档

共产党员、浚县水文局副局长、刘庄水文站站长李金亮,得知今年发生超标准洪水的可能性很大,而刘庄站又处于共渠关键位置,他不敢有丝毫麻痹和懈怠,从汛期开始一直坚守在水文站,一个多月来没回过一次家。虽然不能照顾家庭,但他的妻子给予了极大的理解和支持,她所在的单位——中信期货公司河南分公司了解到水文站的困难后,专门组织了慰问,为站上同志带来了一批充电宝、食品、饮料、消毒液等急用品。共产党员、鹤壁测报中心副主任、新村水文站站长董晓兵,洪水发生时新村站四周被水包围,他牢记自己作为一名共产党员的责任、作为水文人的使命,顶着超乎寻常的压力,吃苦在前,拼搏在先,一边有条不紊地组织测报,一边开动脑筋应对职工生活难题,带领全站人员克服困难,沉着应战,两天两夜没休息;妻子郑娇丽是入党积极分子,夫妻二人一个在站上,一个在机关,汛期工作忙,虽然近在咫尺,却鲜有见面,各自忙活自己的工作,4岁的儿子发高烧住院,也没能陪在身边照顾,只能每天打电话问候一下。杜梦珂,新村水文站职工,洪水期间一直在站上忙碌,不能回家。大雨导致手机信号不通,他的爱人不放心,徒步绕小道来到站上。看到站上人手紧张,工作繁忙,从事工程岗位的他主动留下来帮忙,被站上同志称为"编外水文人"。

巾帼"女汉子"

暴雨洪水期间,水情值班室只剩4位女同志值班。水情信息1个小时一报、全天候上报,要求她们一边收集各站信息,一边查看网上信息,一边综合汇总、认真审核,一次报送流程进行完,留下的休息时间只有15分钟,马上又投入下一次信息报送。她们还要做好电话接听、信息传达、机关应急事务处理等工作,20多天时间,人都瘦了一圈。共产党员杨万婷、张东亚吃住在单位,承担了所有晚上的值班,熬了一个又一个通宵,她们的眼睛始终通红通红的。共产党员白盈盈,孩子很小,整天哭着要妈妈,她为了工作,把孩子丢给家人,始终坚守在单位。洪水暴发时,入党积极分子郑娇丽正生病请假住院,她二话不说从医院跑到单位,带着生病的身体坚持值班,一天也没有耽误工作。

暴雨洪水是锤炼干部的"大熔炉",是检验作风的"试金石"。鹤壁水文干部职工在与洪流搏击中展现了过硬作风,树立了良好形象,用实际行动诠释了"求实、团结、奉献、进取"的水文精神,在"7·21"抗洪抢险斗争中书写了浓墨重彩的一笔。

洪水还未消退,抗洪还在继续。鹤壁水文人将扛稳使命,履职尽责,继续做好水文测报预报工作,奋力夺取抗洪抢险全面胜利!

（撰稿人:郭安强）

勇立潮头担使命　防汛一线践初心

河南省南阳水文水资源勘测局

暴雨如注,洪魔肆虐。听,战汛号角已然吹响!

危急关头,挺身而出。看,南阳水文闻汛而动!

自今年河南入汛以来,全省出现大范围强降雨,多地降水量打破历史纪录,给人民群众生命财产安全造成严重威胁。南阳水文水资源勘测局(简称南阳水文局)把防汛战场作为党史学习教育的课堂,牢固树立"防大汛抗大灾"的意识,将党的信念植根于心,积极践行新时代水利精神,以实际行动奏响了一曲守初心、担使命的凯歌。

未雨绸缪,水文战队严阵以待

有备而战,方能百战不殆。根据今年防汛形势,按照厅党组和省局党委安排部署,南阳水文局未雨绸缪,压实压紧责任、加强应急演练、排查安全隐患,充分做好汛前相关准备。进入汛期,为了有效应对随时可能到来的暴雨洪水,局领导班子周密部署,及时通过会议、电话、微信工作群等方式向各科室、测区局传达各级防汛指挥部门的工作要求,在今年几场强降雨中,班子成员靠前指挥,既参与防汛会商、水情研判,又组织协调全局水文监测、水情预报等工作有条不紊地开展;全局党员干部职工严阵以待、担当作为,密切监视雨水情变化,24小时日夜值守,全力以赴做好关键时期水文测报工作;水文应急测报根据雨水情和测站测洪需要,时刻保持备战状态,全局上下形成了领导挂帅、人员在位、信息畅通的强大联动合力。

危急时刻,防汛测报主动出击

在防汛的关键时刻,"坚守岗位、连续奋战、通宵达旦"已经成为水情科的工作常态。面对高强度的工作任务,科长冉志海带头分析研判,带头预测预报,加班加点,工作连轴转;共产党员施旭娜,作为一名女同志、两个孩子的母亲,为了不影响工作,把孩子送回老家,不分上下班,坚守在岗位,遇强降雨过程的时候,每天只休息三四个小时,甚至彻夜工作;党员崔振中任劳任怨,除了来回奔波抢修遥测设备,还积极参与值班值守。"每一次降雨都是一次考验,我们要像陀螺一样高速运转,保证预报的精准度。"这是水情科同事们常说的一句话,他们是这样说的,也是这样做的。一份份精准的水情信息从他们这里发出,为各级政府防汛指挥部门防洪抢险决策调度提供了及时可靠的技术服务。

乌云密布,大雨滂沱,一群群"橙色背心"成了灰白背景下一抹亮丽的风景线。7月19日8时至22日8时,南阳市普降中到大雨,局部暴雨、大暴雨。共产党员陈庚同志,作为南召水文局局长,冲锋在前,不言劳苦,组织各站测报工作、指挥各巡测站的洪水抢测、开展遥测抢修等,72小时的奋战坚守,办公室、缆道房几天几夜灯火通明;鸭河口站党员李世强、陈献等接到口子河、留山上游特大暴雨情报后,冒雨连夜赶赴留山进行测流,测流进行中,得知口子河水文站可能出现较大洪水,他们顾不上吃饭和休息,立刻赶往口子河站进行抢测洪峰;白土岗站共产党员陈士贤带病坚守岗位,同陈玉新、韩居洋两名同志,看水位、测流量、取沙样,有条不紊地开展着各种工作;南阳测报中心马国平、张贺龙、孙国防、马琳4名党员在进行完南阳站流量测验工作后,又接到通知需要赶赴社旗、方城、唐庄等巡测站进行监测任务,在去往方城的途中下起了大暴雨,道路泥泞,积水较深,轮胎打滑,车辆突然熄火,无法前行,他们4人冒雨蹚水推车至安全区域,此时他们已全身湿透,却毫无怨言,继续踏上了前行的道路……

　　8月22日凌晨开始,又一轮暴雨如期而至,狂风夹杂暴雨席卷南阳大部分地区,风大、雨急、涨水快,这些都加快了水文人前往测洪一线的脚步。西峡水文局局长柴国武虽胳膊受伤,但仍轻伤不下火线,带领测区职工奔赴蛇尾、军马河、花园关、丁河4个巡测站,行程360千米,抢测洪水;已知洪峰将至,测报中心多名干部职工主动请缨,连夜支援棠梨树和社旗站一线测流;内乡水文局局长吴冀伟参与各级部门电视电话会议多次,第一时间将雨水情报备当地防汛办应急指挥中心,为防汛抗洪工作安排部署做好有力支撑……

　　9月下旬,汉江白河秋季大洪水中,鸭河口水库出现了建库以来最大入库流量和最高水位,李青店水文站发生了有记录以来的最大洪水。根据汛情变化,南阳水文局立即启动应急测报预案,局领导及时与省水情中心及所辖的各报汛站联络,实时跟踪雨水情,协调指挥水文测报,根据各站人员及技术力量等情况综合考虑,果断决定将突击队分成三组先后对鸭河口水库上游的口子河、李青店、白土岗三个水文站进行技术援助。南阳水文局所辖各水文站克服困难、坚守岗位,千方百计保障测报工作的正常开展。此轮降雨,南阳水文局派出业务技术骨干下基层 21 人次,出动应急突击队 5 次,共监测洪水信息 28 份,提供雨水情快报 5 份,制作发布洪水预报 10 站次,参与防汛会商 15 次,为防汛防灾减灾提供了第一手基础资料。

不畏险阻,应急监测战之能胜

卫河流域发生超历史洪水,汛情严峻。7 月 25 日晚,南阳水文局接到驰援鹤壁的紧急任务,南阳水文应急突击队迅速整装,紧急行动。当晚 8 时 30 分出发,星夜兼程,于 26 日凌晨 4 时直达鹤壁市。队员不顾一夜劳顿,积极查询具体汛情,搜集当下紧急水情情况,领命具体任务,又驱车赶往鹤壁市浚县淇门西街村,途中道路积水严重,多处河堤两边一片汪洋,身临其境,异常严重的灾情使陈学珍和其他队员顿感肩上责任重大。为保证卫河下游两岸主要城镇的安全,将灾情所造成的损失降到最低,需泄洪到长虹渠等滞洪区。南阳应急测报突击队主要负责长虹渠滞洪区进洪口水位流量测报,为上级防汛应急指挥部门准确决策提供可靠水情信息数据。到达应急监测点后,队员们立即投入战斗,迅速安装测流设备,冒着高温酷暑,克服恶劣的测验环境及水流流速大、有漂浮物等困难,适时准确观读水尺水位,利用冲锋舟挂载 ADCP 三体船,迅即测出水情信息数据并上报。

此次应急水文监测工作中,将近60岁的陈学珍同志,作为一个在水文战线上奋战了38年的老党员,不顾高血压、高血糖,冲锋在前,累活重活抢着干;披星戴月,早出晚归,烈日暴晒使他皮肤被晒得黝黑,汗水把衣服湿透了一次又一次,饿了以方便面充饥,困了席地而坐打个盹儿,不惧虫叮蚊咬;具备过硬的驾车技术,在泥泞道路及夜间驾驶车辆确保安全行驶;"7·31"强风雷暴过后,因部分道路阻断,肩扛装备步行数公里;因长时间的劳累造成头昏脑胀,不肯休息而私下不得不成倍加大降压、降糖服用药量,就是为了能顺利完成这次应急监测任务不掉队。这次行动之前,陈学珍和他的突击队已经在南阳汛情应急出动近一周时间,来不及休整又奔赴卫河战斗。监测工作的间隙还把带的不算充足的食物和饮用水分给当地的群众和儿童,不怕危险,积极参与施救落水群众,获救人员家属表达谢意时,陈学珍指向迎风飘扬的红色党旗说:"这是共产党员应该做的,党旗在,共产党员就在,共产党员是为人民服务的。"

测验科科长徐新龙,在接到了省局支援鹤壁应急监测通知的时候,尽管已带领南阳水文局应急队在李青店、后会等站点连续奋战多日,未曾休整,疲惫不堪,他依然迅速集结。监测现场,他常说的一句话是"我来吧",流量监测他坚持上船,在橡皮船上一次次横渡分洪口,不惧风险;值班测报他总是让别人休息,自己坚守,通宵达旦。饿了吃一口方便面,渴了喝一点瓶装水,困了就在车上打个盹儿,手机上定时鸣响的闹铃就是他进入战斗的冲锋号,高质量完成分洪口的测报工作是他心中的头等大事。

他们只是这次应急监测队员中的一部分缩影。在此次应急监测中,南阳水文局应急监测突击队,连续奋战十天,充分发挥了共产党员的先锋模范作用,为防洪调度和抢险救灾决策提供了第一手资料。

水映初心,行践使命。哪里有汛情,哪里就有水文人;哪里需要水文人,我们就到哪里去! 南阳水文全体党员干部职工以防汛抗灾为己任,不忘初心,牢记使命,勇挑重担,积极作为,闻"汛"而动,用艰辛和汗水书写了新时代水文人"忠诚、干净、担当,科学、求实、创新"的华彩篇章。

（撰稿人：段汝意）

抗洪抢险中的硬核担当

河南省鹤壁水文水资源勘测局

2021年7月17日以来的这段日子,注定给人留下刻骨铭心的印记。

一场大范围、高强度、连续性暴雨在中原大地肆虐。

淇河、大沙河、卫河、共产主义渠……多条河道超警、超保,甚至决口,多座水库超汛限运行,人民生命财产受到严重威胁。

郑州告急,新乡告急,鹤壁告急,安阳告急……

异地支援,跨区联动,一个个水文应急突击队急驰受灾地区。

河南水文跨区联动应急测报的创新举措为迎战超标准洪水树立了样板!河南水文应急突击队的硬核担当和丰功伟绩必将载入史册!

触目惊心　　那场多年不遇的暴雨洪水

入汛以来,河南先后发生多次强降水过程。7月17日8时至24日8时,全省普降大到暴雨,郑州、鹤壁、新乡、安阳、焦作、济源、平顶山、漯河降暴雨、大暴雨,局部有特大暴雨。

持续强降雨引发汹涌大水,造成河道、水库水位暴涨,卫河淇门以上出现大洪水,卫河上游出现区域性特大洪水;贾鲁河出现大洪水,上游出现区域性特大洪水;大沙河、共产主义渠、卫河、安阳河、贾鲁河出现超建站以来历史洪水。大沙河、淇河、共产主义渠、卫河出现超保洪水,颍河、小洪河、沁河、惠济河出现超警洪水,伊洛河、文岩渠、老灌河、唐白河、沙河、北汝河出现涨水过程。多座大中型水库超汛限水位,出现建库以来历史最高水位。

暴雨洪水引发险情,常庄、郭家嘴、五星等水库分别出现了管涌、漫坝和裂缝等险情,浚县新镇码头村发生了决口的险情,卫河新乡牧野大道发生了决口险情,周口市西华县贾鲁河右岸鲤滩村发生了管涌险情……

面对部分地市,特别是卫河流域严重汛情,河南省水文水资源局(简称水文局)扛牢责任,迅速行动,从 7 月 18 日起,启动应急测报跨区域增援预案,集中优势技术力量,分期分批次组织 17 个应急监测突击队、队员 106 人次,分赴郑州、鹤壁等地,开展异地应急测报驰援。

7 月 19 日 12 时,河南省水利厅启动水旱灾害防御Ⅳ级应急响应,随后根据汛情发展,相继将应急响应提升至Ⅲ、Ⅱ、Ⅰ级。

河南海河流域卫河水系 9 大蓄滞洪区,相继启用崔家桥、广润坡、良相坡、共渠西、长虹渠、柳围坡、白寺坡、小滩坡 8 处。

河南省水利厅党组在强降雨发生前后,多次召开专题会议安排部署,并下发通知做好暴雨洪水防范和应对工作。党组书记刘正才、厅长孙运锋分别在抗洪抢险和调度一线,科学指挥这场战斗。河南省水文局局长、党委书记土鸿杰或坐镇省水情中心，或亲临测报一线，有力指挥水情测报预报工作。

河南水文为应对暴雨洪水做出了充分准备，提供了有力支撑。

众志成城　那些激流勇进的水文铁军

河道险情随时会发生，8处蓄滞洪区相继启动、联调联动，这意味着水文测报力量得不断加强，水文突击队测报场地需不断变换。

暴雨突发，高速封闭，道路冲毁，交通受阻⋯⋯驰援路上困难重重，但各个突击队没有退缩，他们想尽办法，克服困难，争取以最快速度到达指定位置。

鹤壁市浚县卫河新镇彭村段出现决口后，濮阳水文局突击队7月22日凌晨接到指令，立即调配精干力量组成6人应急突击队急赴浚县支援。面对滔滔而来的洪水，参加工作40余年的老水文人王少平感慨道："我长这么大还没有见过这样的阵势！"刚刚完成淇门上游滞洪口监测，突击队接到通知，新镇下游发现决口，又急赴下一个监测点，来来回回辗转4个监测点，顺利完成监测任务。

在卫辉市灾情极其严重的情况下，驻马店水文局突击队按照要求于7月23日早上6时到达新乡市，途中积水严重，水深几乎淹没汽车轮胎。接着又得到指令，紧急奔赴受灾严重的卫河下游浚县灾区。即将到达指定位置时，由于滞洪区分洪原因，车辆无法正常通过，测量设备无法运至指定地点，他们在当地水文站同志的带领下,走泥泞的河堤小路到达指定地点时,已是下午4时,队员们已经近16个小时没有合眼、没有吃饭,顾不上疲惫,立即对长虹渠滞洪区分洪口处进行测量。

南阳水文局7月25日晚接到通知后,由6名党员和1名预备党员组成应急测报突击队,星夜兼程,于26日凌晨4时左右到达鹤壁市。接下来的10天,他们冒着高温酷暑,克服测验环境差、水流流速大、漂浮物较多等困难,每天4次测流。

漯河水文局测流的白寺坡滞洪区王湾分洪口门宽度约400米,流速快,水流湍急,水下情况不明,上游水流流向复杂,下游又有很多危险障碍物,突击队协调消防及救援组织的大型冲锋舟一次又一次冲上去,两次从分洪口门冲到滞洪区,一次冲到下游大桥下,险象环生,最终开辟出一条测流路线,首次全面测得王湾分洪口门流量。

洛阳水文局测流的广润坡滞洪区7处进退水闸,横跨2个乡(镇),受洪水影响,部分道路泥土堆积受阻,巡测一遍需要三四个小时。途中车辆多次在遍布泥浆的堤坝上抛锚,狭窄的道路两侧都是淹没树梢的汪洋,队员们车拉手推,战胜一次又一次险情。7月29日上午,按照省水文局指令赶到浚县屯子镇码头桥,监测断面为一个孤岛,四周汪洋一片,汹涌的民丰渠水几近淹没桥身,有落差的巷子形成湍急的暗涌,突击队员们携带仪器设备,借助推土机和冲锋舟往返。

平顶山水文局突击队面对高温暑热、断电缺粮,突击队员连续奋战多日,坚持1个小时一测报,昼夜无休,虽然疲惫到极点,头疼、眩晕、拉肚子,但他们仍然咬牙坚持下来。28日在浚县圈里村小滩坡滞洪区查勘地形，卫河已经漫滩到了分洪口大堤，十分危险，他们克服困难完成信息传递，最后只能依靠救援队铲车撤离。31日晚，浚县突现狂风暴雨，突击队员正在小滩坡分洪口抢测流量，晚上9时23分完成测报任务时，狂风已经刮倒大树，河堤两侧洪水咆哮，他们在暴风雨中抢救水文设备，沿着泥泞的河堤道路缓慢撤退，在消防救援人员的帮助下才安全回到县城。

7月28日，安阳水文突击队测流时天气极其恶劣，农田、道路积水愈发严重，水位仍在不断上涨，监测断面随时有发生塌陷的危险。面对严峻形势，突击队毅然决定坚守岗位继续监测，他们把车辆集中停靠在桥头高地，携带仪器蹚水步行至共渠测验断面测流。夜晚，在进行了最后一次测流后，四周已被洪水包围，无路可退。附近的村民们早已撤离，没有食物，他们饿了就喝点水，困了就挤在车上眯一会儿，夜幕中，阵雨还在下，队员们轮流值班，在风雨中默默坚守了整整28个小时后，29日9时冒雨完成监测任务才乘着救援车辆——一辆大型轮式推土机撤离到安全区域。

许昌水文局突击队7月31日中午接到命令，克服困难到达鹤壁浚县白云路杨庄河大桥测流时天气骤变，大风裹着豆大的雨点劈头盖脸地倾泻下来，突击队艰难地完成了最后一个测次，等整理完设备后，大家都成了"落汤鸡"。在冒着风雨前往滑县县城卫河桥断面时，道路上积水很多，道路两侧的树木被拦腰吹断、刮倒或被连根拔起，赶到滑县卫河断面完成两个地方的流量监测及成果上报，回到驻地已是8月1日凌晨了。

焦作水文局突击队到滑县支援测洪一线的第二天,晚上准备测流时正遇上 12 级大风和随之而来的暴雨,断面上数十棵树被吹断了,2 根水尺也没了踪影,仅有的一根水尺已高于水面。突击队挖开部分淤泥,将水引到水尺下面,通过测量距水尺的高度推算滞洪区水面高程,借助漯河水文局布置的水尺记录水位,按要求上报了当天 22 时,第二天 0 时、2 时、4 时、6 时的水位数据。

淇门水文站、刘庄水文站分别是卫河、共渠上的重要水文站,处于这次暴雨洪水的关键位置。洪水暴发至今,两个水文站一直停电、停水,没有网络信号,蚊子很多,洪水后期,水质变差,戴着口罩也几乎让人眩晕。天气闷热,驻站人员测流时汗流浃背。没有时间和条件做饭,每天凑合着吃一些方便面、面包等充饥,从抗洪抢险开始一直坚守岗位,半个多月时间人都瘦了一大圈。

8 月 7 日以来,在大部分兄弟局水文突击队撤离后,按照省水文局部署,鹤壁水文水资源勘测局(简称鹤壁水文局)突击队承担长虹渠曹湾退水口、卫河浚县杨庄桥、小滩坡浚内沟大刘村退水口等处的测流任务,测流地点最远 60 多千米。突击队员克服烈日炙晒容易中暑、疫情期间道路受阻等一系列困难,坚决守好蓄滞洪区测流的最后一道防线。

截至 8 月 10 日 18 时,河南水文应急突击队在此次卫河洪水中共抢测 328 次,为上级决策提供了及时可靠的数据。水利厅党组书记刘正才给予高度评价:"水文测报、预报和应急监测工作准确科学,经受住了考验和检验。""水文尖兵靠得住,关键时刻显身手!"副省长武国定在检查防汛工作期间专门看望慰问奋战在抗洪一线的水义应急突击队。

河南水文应急测报能够稳妥应对大洪水挑战并取得突出成效,秘诀在哪里?省水文局局长、党委书记王鸿杰一语中的:"养兵千日,用兵一时。关键是我们有一支忠诚可靠的应急队伍、一套行之有效的应急机制,坚持不懈的水文勘测工技能竞赛活动及每年汛前的预案制订、设备检修、突击队应急演练等,为应急测报奠定了扎实基础。功夫在平时,大战才不怯。"

党旗飘扬　那份忠贞不渝的责任担当

关键时刻看干部,危急之时显党性。

卫河应急测报突击队共 71 人,其中中共党员 55 名。每个突击队就是一个战斗堡垒,每个党员就是一面鲜红旗帜,党旗始终在抗洪一线高高飘扬!

在极端条件下测流,突击队员们面临着一系列实际困难,但他们没有退缩,对工作提出最高要求,把生活降到最低标准:吃饭没保障,就用方便面等简易食品就地解决;休息无场所,就在吊床、简易小板凳等上面打个盹儿……他们顶着常人难以忍受的烈日灼烤、蚊虫叮咬等压力,认真做好每一次测流工作。

省水文局突击队员刘义斌在郑州疫情最紧张的时候,8岁的女儿突然感冒发烧,家属带孩子多处诊疗,需要住院治疗,刘义斌一直在卫河抗洪抢险一线回不了家,同事们听到她女儿电话里一声"爸爸,你啥时候回来",也不免落泪。他无法帮上忙,只能打电话安慰,直到完成任务返回郑州,才去医院看望女儿。

共产党员、平顶山水文局局长、突击队长李春正在五陵勘测地形时脚意外刮了一道深口,在简单消毒包扎后,坚持完成了勘测任务,接下来的一周,他始终踮着脚尖,和突击队员一起参加抢测。李春正的老娘80多岁,异地任职的他每周末回南阳看望一次老人家,这次带队在鹤壁支援,老娘总是记着儿子周末该回来了,到了周末,一直等着儿子回来一起吃晚饭,谁知等了三个周末,也见不到儿子回来,老太太饭也吃不下、觉也睡不好。

共产党员、济源水文局局长、突击队长徐明立家住鹤壁却过家门而不入,每日只在卸下一身疲惫后通过微弱的通信信号与妻子沟通,报以平安。在监测难度大、危险系数高的情况下昼夜奋战,身先士卒开展水文应急监测任务。

共产党员、洛阳水文局副局长、突击队长高晓冬接到任务指令,撇下仅仅几个月大的女儿率队出征,最脏最累的活抢先干,最苦最难的事带头做,体力严重透支、声音沙哑,还不断鼓舞队伍士气。

共产党员、濮阳水文局突击队员王少平已年近60,得到援助鹤壁的消息后,主动请缨加入突击队,在测报工作中一马当先,驾驶测船,操作电脑,充分发挥老党员、老专家的作用。

商丘水文局突击队技术负责人周珂,在新乡卫辉乘坐冲锋舟在卫河上抢测洪峰,在鹤壁浚县3个测流断面设立临时水尺,每天完成4次12站点测流任务,白天冒酷暑穿着救生衣测流,身上起满了痱子,晚上蚊虫叮咬,腿上抓破流血。

接到命令时,共产党员、驻马店突击队员李穆天的母亲因为癌症复发正躺在医院接受化疗,妻子已经怀孕5个月,水情就是命令,来不及多想便匆匆踏上驰援之路。

在滑县曹湾长虹渠滞洪区的测验断面测流时,焦作水文局突击队员李佳红忍着腰部旧伤复发的风险,一个人搬运将近30斤的测流设备,一个来回要20多分钟。

在卫河抗洪抢险工作中,鹤壁作为"主战场",突击队员们深知责任重大。共产党员、淇门水文站站长李得保虽年近退休,但身先士卒,既当指挥员,又当战斗员,几乎达到了废寝忘食的地步。共产党员、综合科科长李希伟,曾是刘庄水文站站长,洪水伊始主动请战到刘庄站工作,由于不停奔波于查看水位、编发信息、到处找信号发报,十几天时间晒成了一个"非洲人"。共产党员、浚县水文局副局长、刘庄水文站站长李金亮入汛以来一直坚守在水文站,一个多月来没有回过一次家,洪水冲坏道路,他带领站上同志徒步涉水去测流,三天三夜没有休息;虽然不能照顾家,但他的妻子给予了极大的理解和支持,了解到水文站的困难后,带领单位同事专门到水文站慰问,带来了充电宝、方便面、面包、矿泉水等生活必需品,解决了站上同志的燃眉之急。

暴雨洪水是一面"镜子",照出了河南水文人忠诚担当的品性、心系民生的大爱、知难而进的胆魄、拼搏奉献的作风,彰显了"求实、团结、奉献、进取"的水文精神。

卫河洪水没有完全消退,河南水文突击队仍在一线坚守,党旗、测船和穿着安全衣测流的水文勇士,正成为卫河水面上最亮丽、最炫目的色彩!

(撰稿人:郭安强)

水文"愚公"

——王占国的故事

平顶山水文水资源勘测局

在平顶山水文水资源勘测局(简称平顶山水文局)许台水文站,有一位"临时"水位观测员。他,不图名不图利,几十年如一日,义务帮助水文站看水位、测流;他,面对凶猛洪水,临危不惧,将个人生死置之度外,凭一己之力,出色完成测报任务。他,年近七旬,拖着一双病腿,怀着对水文工作的满腔热情,带领全家老小,在"7·20"暴雨洪水过程中,谱写了一曲可歌可泣的水文"愚公"抗洪抢险赞歌。

他叫王占国,自20世纪90年代初,就是许台水文站雨量委托观测员。由于家离水文站比较近,从小就对水文工作有一种特殊的感情。他勤奋好学,爱动脑筋,很快就掌握了水文测报业务。虽然只是一个"临时工",却并不影响他的工作热情,更是把水文站当作自己的家一样爱护。每逢汛期涨水时,他都会主动义务帮助水文站观测水位和测流,不论是打水尺、缆道维护还是水文仪器维修等,都做到熟练精通;雨量、水位观测记录及时、干净、准确,就连站上工作几十年的老水文都对他伸出大拇指,"啧啧"称赞。就这样,一条河,一座水文站,默默地陪伴着王占国走过了40年的风雨历程。

　　特别是在今年"7·20"洪水过程中,许台水文站上游所有雨量站前两日降雨量较大。他凭借多年的经验预感要涨大水,为了工作方便,他带上铺盖、干粮和水,提前住到河边的缆道房中。饿了就啃几口馒头充饥,困了就在铺盖上打个盹儿。20日13时30分,窗外突然暴雨倾盆,狂风大作,电闪雷鸣,山洪倾泻而下,道路尽毁;缆道房里潮湿闷热,蚊虫肆虐,电力中断,成了在风雨里飘摇的一座孤岛,仅靠一部手机与外界取得联系。

　　汛情就是命令。此时的王占国沉着冷静,密切关注水位变化,把一组组水位数据及时准确地发送到上级防汛部门。由于许台水文站四面环山,地势低洼,水势形成山洪奔流而下,将上游整片碗口粗的树木连根拔起,树木和杂草很快把水尺冲毁。由于洪水凶猛湍急,无法设立临时水尺,他急中生智,马上叫来儿子,利用多年的观测经验和"土办法",在自计井井壁上钉钉子,记录水位到达钉子的时间,作为临时水尺使用。随着强降雨的持续,突然,"轰隆"一声巨响,缆道房后面的山体护坡坍塌,形成泥石流倾泻而下,情况万分紧急,随时都可能将缆道房冲毁淹没。由于被房后树木阻挡,泥石流终于在离缆道房2米处停了下来,惊得王占国和儿子一身冷汗。这时,上游碗口粗的树木几乎铺满了河道,树借水势飞流直下,缆道房周围的围堰也开始整体坍塌,距离房体地基仅20厘米左右,水位观测路踏步及护栏瞬间被洪水摧毁,缆道索被树木挂断,自计井被冲毁……

　　面对突如其来的灾难,随时可能危及生命安全,王占国父子两人没有退缩,更不服输。风雨中,父子两人用树枝当拐杖,相互搀扶着、鼓励着,王占国更是拖着行动不便的病腿,一步一步踩着满是树枝、乱石、泥泞的小路上向岸上安全地点转移。此时,两人浑身早已被雨水浇透,双脚、大腿上都被锋利的石块和树枝划破,血流不止。见此情景,儿子强烈要求他回家休息,留下自己一个人在岸边坚守看水位。老人一听,倔强的脾气又上来了,说儿子经验少,自己的身体没问题,两个人不是还可以相互照应,戏里不是都说"上阵父子兵吗"。

这时,王占国指着岸边最后一根水尺对儿子说:"这根水尺是我们最后的希望,只要水尺还在,我们就要坚持到最后一刻。"说完,父子俩利用冲断的树桩、草绳、铁丝加固水尺,防止再次被洪水冲走。就这样,父子俩凭着一不怕死,二不怕苦,对水文工作高度负责的工作态度,整整在洪水中坚持了两天两夜,完整地记录了此次洪水的全过程,并观测到许台水文站历史最高水位,是许台水文站建站以来有数据观测的最大值,为上级防汛部门防洪预报、调度、减灾提供了有力的数据支撑。

洪水退去,平顶山水文局领导来到王占国家里慰问老人,感谢他们一家为水文工作做出的突出贡献。王占国说:"作为一名老党员,现在全国人民都在支援咱河南抗洪救灾,我个人更应该坚守在抗洪第一线,大雨之前,我们全家人都做了分工,我和儿子主要负责坚守在河边看水位,老伴儿负责烧水做饭,儿媳妇负责送饭,我挺不住了有儿子,儿子挺不住了有儿媳妇。"这不禁让我们想起了"愚公精神",王占国不就是一名水文老"愚公"吗?一辈子不图名、不图利,一辈子认准一件事,一辈子干好一件事。

正是这些平凡的人和事,在我们的人生画卷中刻下了历久弥新的烙印,给我们接续奋斗、战胜洪灾、重建家园注入了无穷动力。

（撰稿人：邢明）

岁月静好,是有人负重前行

平顶山水文水资源勘测局

哪有什么岁月静好,只不过是有人替你负重前行。

——题记

　　中华民族历史上经历过很多磨难,但从来没有被压垮过,而是愈挫愈勇,不断在磨难中成长、从磨难中奋起。雪灾、非典、地震、疫情、水灾……面对危机,无数共产党员迸发出惊人的精神力量,负重前行,坚毅勇敢,守望相助,不怕牺牲,在克服困难中闪耀人性的光辉,锤炼出鲜明的政治品格,构建起伟大的精神谱系。伟大的建党精神为抗洪救灾注入了强大动力,抗击洪灾的斗争再一次淬炼伟大建党精神。面对 2021 年的特大暴雨洪水,朴实无华的水文人用坚毅和智慧击退了数次暴雨洪水,守护着祖国的大好河山,却从未考虑过自身的安危。舍小家顾大家,为了人民群众的幸福生活,一代代水文人负重前行。风雨中,他们是逆行者,也是最可爱的人。

　　今天故事的主人公,叫李春正,男,55 岁,中共党员,现担任河南省平顶山水文水资源勘测局(简称平顶山水文局)党支部副书记、局长、高级工程师,平顶山水文应急突击队队长。今天我们就来聊一聊他的故事。

　　今年 7 月 17 日以来,强对流天气袭击河南多地,太行山东麓和河南中西部地区出现特大暴雨，部分地区累计降水量超当地年平均降水量，全省多座大中型水库超汛限水位。防汛救灾形势异常严峻。19—21日，平顶山市防汛指挥中心连续召开防汛会商研判会议，总能看到瘦弱的他焦急而又忙碌的身影，他积极调配突击队及时进行水文监测，为防汛决策提供雨水情及水文预报信息支撑。李春正始终坚持深入防汛救灾一线，靠前指挥，哪里最要害，他就出现在哪里，哪里险情大，他就紧张奋战在哪里，越是艰险越向前。

一连十几个昼夜的坚守，他站成了一面旗帜。汗水湿透衣背，熬得红肿的眼，脚背意外划伤，腰伤严重复发。不忘初心，牢记使命。他做事认真、待人随和，他心系群众、舍小家顾大家。敢为人先，汛情来临，他与时间赛跑，与暴雨洪水勇斗，他的身影突击向前。

不惧艰险，奋战抗洪救灾一线。23日早上5时40分，接省水文局命令，卫河、共渠新乡鹤壁段河水水位猛涨，可能面临决堤风险，年过五旬的他带领突击队成员深夜集结，火速支援新乡、鹤壁等地开展应急监测任务。在小河镇饭店卫河大桥、浚县杨庄卫河大桥、长虹滞洪区泄洪闸、小滩坡圈里分洪口总有他的身影，他主动担当、敢打头阵，与广大群众一起筑就了防汛抗洪最坚固的生命防线。

及时请示领导后根据实际情况果断决策，保证安全，避免损失。24日在小河镇饭店大桥测卫河流量，为上游彭庄决口提供数据，由于当地村民已转移，又遇上断水、断电情况，饿了仅靠救援队投放的干方便面、面包等食物充饥，渴了就喝点儿矿泉水，疲累了就在车上打个盹儿。坚守测报48小时后唯一的出路已经上水,他果断做出决策,先转移再寻找断面测验。抢测 2 份流量后转战下游 5.6 千米处的张庄玉珠桥,撤退时水已经淹没半个轮胎,事实证明,这个决策非常英明。

合理调度,解决人少任务多的问题。新增浚县杨庄卫河大桥流量监测,设立水尺,但引据点成了难题,这时,他协调自然资源局的测量队帮忙及时测得水尺零高,解决当前难题,1个小时一测报,他和突击队成员一起坚守长虹滞洪区泄洪闸和浚县杨庄大桥 2 个监测点,期间,还完成了卫河大桥水位流量监测、张庄玉珠桥水位流量监测、长虹渠道口泄洪闸水位流量监测、小滩坡圈里分洪口查勘、老观嘴孙石井村卫河流量勘测、浚县杨庄大桥水位流量监测、小滩坡滞洪区分洪口水位流量监测,发报数百份,实测流量近 50 份,圆满完成各项工作任务。

克服困难,利用现有条件完成任务。接浚县指挥部命令去浚县圈里村小滩坡滞洪区查看水情,沿途道路两旁洪水已经淹没庄稼,前路积水过深阻挡汽车前行。一路只好借助渣土车、皮卡车赶赴圈里村。卫河河水已经漫到了分洪口大堤,现场信息传递后马上撤离,回来时他坐在铲车的铲斗里,身靠电动车,怀里还抱着老乡的自行车,同行队员们双手紧紧抓着车杆保持平衡,克服了重重困难,坚决完成了勘测任务。

正确部署,完成任务成功脱险。因小滩坡泄洪缓慢,31日下午,爆破部队在口门左岸实施爆破,工程铲车在口门右岸不停地开挖,现场平顶山水文突击队、豫北局、浚县水利局及当地政府的人员均在口门处守候,等着爆破完毕后的流量数据。三次爆破作业完成现场清理完毕后,已经是晚上 7 点多,借助冲锋舟于 21 时 23 分报出抢测流量。突然出现狂风暴雨，车被风暴刮得摇晃不止，岸边树木被风暴刮翻，李春正同志仍身先士卒，眼镜被刮得不翼而飞，衣服被暴雨淋得湿透，仍与突击队员一起抢救重要水文设备。在消防救援人员的帮助下，安全回到住处。直至次日早上 6 时恢复水位观测，7 时 20 分报出实测流量，监测任务还在持续。

心系群众，践行为民服务宗旨。李春正同志具有强烈的群众观念，始终把群众利益放在第一位，看到不少防汛人员奋不顾身，鏖战大堤，看到不少防汛人员露宿野外，心情十分沉重。他利用空闲时间给群众讲解洪水的来源组成，从而帮助群众消除一直以来以为的大水就是上游水库放水造成洪灾的误解。

在防汛救灾的紧要关头，年过五旬的他身体力行、率先垂范，与突击队成员冲锋在前，始终到灾情最严重、抢险最困难、群众最需要的地方，在风雨中逆行、在堤坝上奋战、在黑夜里坚守，以实际行动践行初心使命，充分彰显了一名共产党员的责任与担当，塑造了河南水文人的良好形象，像一面鲜艳的党旗，高高飘扬在防汛救灾第一线。

（撰稿人：陈琳）

鏖战洪魔显担当

——"7·20"特大暴雨郑州水文人防汛纪实

河南省郑州水文水资源勘测局

"党员干部要身先士卒,勇于担当,冲锋在前,打好这场抗洪防汛战!"席献军局长铿锵有力的话语,回响在迎战暴雨洪水动员大会上。

根据气象预报,7月18至20日,河南省淮河以北大部将出现持续强降水,其中,18日郑州等地有暴雨,局部地区有大暴雨或特大暴雨……累积降水量100—300毫米。席献军看到气象信息,敏锐感到本次降水不同往常,立刻组织人手,紧急部署,并于7月16日召开郑州水文水资源勘测局迎战暴雨洪水动员大会。席献军强调,防汛无小事,责任大于天;本次预报降水持续时间比较长、雨量比较大,大家要以"宁可信其有,不可信其无""宁可信其大,不可信其小"的态度应对本次降水;他要求全体干部职工手机24小时开机,一切行动听指挥,时刻做好奔赴测报一线的准备,并提前划分了6个支援小组分别支援5个水文站和遥测设备抢修。同时,席献军指令,各测站从仪器设备、人员分工、物质保障等方面,要做好迎战本次暴雨洪水的充分准备。

17日中午,席献军在职工群连续三次要求:各测站按要求做好充分准备,各支援小组组长通知成员,明天根据大气情况提前到测站支援。

18日是星期日,席献军放弃休息,赶赴中牟水文站,再次对中牟水文站的防汛测报工作进行了安排部署。并一再强调:第一,中牟水文站要在2019年(历史最大流量245立方米每秒)、2020年大水测报成果基础上修订好报汛线,并进行延长,要做好中牟水文站发生超历史洪水、洪峰流量300立方米每秒、400立方米每秒左右的准备。"大旱之后必有大涝",郑州连续多年都是枯水年,今年很有可能是个丰水年;第二,要采用多种手段进行对比观测,尤其是用ADCP、电波流速仪、比降法的对比观测,做好成果分析,便于紧急时使用。

19日下午,暴雨如期而至。席献军赶往水情室现场办公,指导报汛工作。根据遥测雨量信息,环翠峪雨量站降雨很快超过100毫米,席献军敏锐捕捉到这一信息,预测汜水河汜水巡测站将会出现大洪水。在与巡测人员电话沟通后,下午6时许,席献军带领3位党员同志匆匆赶赴汜水站。暴雨如注,倾盆而下,汜水河河水一涨再涨,奔涌的河水如出笼的猛兽,巡测小组的测杆在洪水中已把持不住。席献军带队到达汜水巡测断面后,果断安排使用随车携带的ADCP测流,并成功测得汜水巡测站建站以来最大流量71立方米每秒。夜里9时多结束测流任务后,拖着泥泞疲惫的身躯,席献军带队返回郑州。顾不上休息,席献军晚上10时多又到办公室通过电脑查看全市降水情况,并统筹指挥全局测报工作,直至凌晨1时。

20日凌晨4时30分,接告成水文站报告,告成水文站山洪暴发并已经冲入水文站院内。刚休息3个小时的席献军立即安排人员,带队赶赴告成镇。此时暴雨一直未停,高速已封,经过与高速公路管理人员沟通,车辆要去登封抗洪抢险,管理人员理解地打开应急通道,车辆顺利驶上高速。天蒙蒙亮,席献军一行4人到达告成镇。告成镇上的情况比预想中更加严峻,街道上的泥水将近半米深,多辆轿车抛锚在积水之中,绕了2次小路之后,必经之地S327接近颍河段公路上100多米宽的激流拦住了去路。小心驶过积水路段,到达告成站,院内洪水暂时褪去,告成站后院墙被洪水冲倒。席献军立即查看站上受灾情况,查看了颍河水情,了解了站上困难,安排随同来的同志为站上购买了食品、充电宝等物品后,席献军立即奔赴常庄水文站。

11时多,席献军带领同志们赶到常庄站时,常庄水库因大暴雨水位迅速上涨,水库已开始泄洪。席献军立即组织人员到泄洪道采用ADCP进行流量测验工作。

下午2时多钟,刚扒拉两口泡面的席献军又接到告成水文站报告,站房再次进水且更加严重,地下室已被全部淹没,水情严峻,席献军二话不说,留下2位同志支援常庄站,和驾驶员刘静再赴告成镇。在路上,席献军向省水文局领导发了如下信息:"我在去告成站的路上,如果告成站有危险,我可以在站上坚守,请领导放心。"

20日的下午2时至5时,是这场降雨雨势最大之时,小时降雨量达200毫米以上,因积水太深,车辆已经无法驶入高速,只能根据导航提示绕行郑登快速,此时暴雨如倾盆之水砸到前窗,雨刷器速率开启到最大,车窗也非常模糊。为了赶时间,二人冒险驾车,减速继续前行。行车条件本就恶劣,左侧雨刷器又突然折断,无法工作。此时车辆正在郑州四环上,前不着村后不着店,司机在席献军的指引下小心前行,低速驾驶20多分钟后,终于见到一个加油站,在加油站,席献军将右侧雨刷换到左边,单雨刷再次行车上路。路上到处都是冲向车辆的激流,当到达新密西部,猛烈的山洪冲毁了前方的道路,车辆无法通行。为了尽快赶到告成站,席献军多次尝试绕行,均被路人告知无法通行。

此时已经是下午5时多了,尖岗站报告,降水量已达300多毫米,水库水位猛涨,即将开闸泄洪,而尖岗站骨干力量还在巩义巡测,被大雨阻隔无法返回,站上只有3位女同志,测报工作任务量很大,急需支援。此时,局机关同志已全部派往测站支援,各测站水位持续上涨,所有人员连轴工作,无法就近调动。眼看前去告成无望,尖岗水库又水情紧急,席献军权衡之后,果断指挥车辆调头赶往尖岗水库。

车辆在艰难行驶接近郑州市区境时,郑登快速通道因严重积水发生拥堵。为了赶时间,席献军从导航上选取了最少拥堵路线,一路绕行山间小道。暴雨继续,小路越发泥泞,方向盘几乎把握不住,司机咬牙紧抓方向,艰难通过崎岖路段。当绕行至一条山路时,山路极窄,路宽只有5米左右,在行驶到一段上坡路时,右边是陡坡,左边是深谷,右边还有一棵大树倒地,剩余路宽只有不到3米,驾车条件十分苛刻。从山上冲下的湍急水流,猛烈地斜着横过水泥路冲向左边路缘石,激起的水流越过路缘石跌下了左边深谷。如果水泥路面下部被水流掏空,车辆驶过将有翻下深沟的危险,为了安全,席献军赤脚跳入急流中,冒雨查看路面。当看到左侧路面下地基稳固时,用手势引导车辆顺利通过。终于晚上 8 时左右到达尖岗站,这时天已经完全黑透。已高强度工作 16 个小时的席献军,在部署好各人员测报任务后,身先士卒,立即投入到抢测洪水的战斗中。

21 日凌晨 3 时多,随着水库水位一再上涨,一个小时拍报一次水库水情及人工观测雨量已不能满足防汛决策需要,拍报频率提高到 10 分钟一次。由于暴雨积水,尖岗水文站已断网,自动观测设备全部瘫痪,水位监控已无法传输信号,导致实时水位信息无法查看,这就需要有人坚守在大坝上,每 10 分钟一次观测水位并通过手机报到站上,由站上同志上报局水情科。黑夜里大坝上下着暴雨、刮着狂风,需要手电照明、望远镜观测。刚刚休息 2 个小时的席献军听到情况后说"夜黑风大雨大,你们女同志心细,在站上报汛。我去大坝观测水位,向你们报告。"为了不耽误 10 分钟一次的报汛,席献军在暴雨中的水尺边整整坚守了 2 个多小时。天亮电路恢复后,他赤脚走回站里,原来他的运动鞋早已被暴雨冲泡得穿不上脚,脚上已经磨出了血。

"对党员干部来说,险情就是命令。险情在哪里,党员干部就要出现在哪里!"两天两夜没有休息的席献军如是说。

水文人也是普通人,除了工作,还有家人需要保护。当在工作和家人有了冲突之时,席献军选择了工作。在 7 月 20 日下午暴雨疯狂肆虐之时,电话铃声再次响起,席献军接起后,话筒中传来女儿焦急的声音:"爸爸,雨太大了,路面积水很深,我全身都湿透了,又冷又饿,也没有公交地铁,我已经等了

1个多小时了,爸爸,你能不能来接我一下?"席献军强忍心疼,温和地告诉女儿:"我在前往尖岗水库的路上,这次降水不同往常,测报工作很重要。你自己克服一下困难,寻找解决办法。还有,要注意安全啊。"懂事的女儿理解爸爸的工作,没有再打扰忙碌的父亲。自己想办法找到了临时落脚点后,发信息向爸爸报平安,并一再叮嘱"爸爸要注意安全""爸爸要照顾好自己"。一夜没有休息的席献军看到女儿的信息,不禁湿了眼眶。

尖岗水库与常庄水库因距郑州市区较近,影响范围广,在这场降雨中成为郑州防汛的一个焦点,引起了社会关注。席献军在重点关注2个水库站水情信息的同时,也在时刻关注其他水文站的抗洪情况。22日,席献军根据水情信息科学判断2个水文站水情已稳定后,决定带队赶赴中牟水文站。到达中牟水文站测验断面后,席献军立即向同志们了解情况,得知刚刚测完流量,就对大家说,你们快回站上吃午饭,我在这里看水位。下午3时,席献军指挥站上和支援小组的同志们用ADCP和电波流速仪比测流量。测完流量又和同志们一起清理观测路上的淤泥。晚上8时多,同志们的测流工作告一段落,席献军坚持让同志们回站上吃顿热饭,他和另外一位同志继续坚守缆道房,每1个小时观测一次水位,并查线推算流量,编发水情报文到水情科。12时多,席献军和同事们又测了1份流量,安排同志们休息。同志们纷纷劝席献军先休息。席献军却摆摆手,微笑着说:"党员干部就要冲锋在前,主动担当作为。我是干部,更要带头上。同志们这几天辛苦了,今晚的贾鲁河,我替你们坚守!"他再一次一夜未眠,每1小时看一次水位,发一次报文,并利用间隙整理分析计算了白天的监测流量等数据,一直坚持了整整一夜。

　　早上6时多,同志们来到河边缆道房,席献军向他们详细交代了夜间的水情信息后,趴在测算流量的桌子上准备小憩一会儿,刚刚闭眼不到5分钟,急促的电话铃声再次响起,席献军迅速接起,原来新郑站水尺被大水冲走,临时水尺刚刚设上就被洪水冲得没了踪影,紧急请示解决办法。席献军指示,新郑站立即与新郑防办协调,调来拉土车,向水尺上游倾卸石块,减缓流速后,再设水尺。事情妥善安排后,电话刚刚挂断,铃声再次响起,席献军再次投入到紧张的指挥部署工作之中……

　　7月17日至22日8时,郑州市普降暴雨,降水量最大站点尖岗水库站达946毫米,超郑州一年降水量的30%以上。降水量超600毫米的站点39处。受本场降雨影响,郑州市主要河道控制站均出现涨水过程,贾鲁河中牟水文站、双洎河新郑水文站水位、流量均超过历史极值,颍河告成水文站水位更是近30年最高。在席献军的统筹安排和全面部署之下,郑州局三个河道水文站均顺利测得超历史洪水,贾鲁河中牟站21日7时超警戒水位1.9米;颍河告成水文站20日13时超警戒水位2.24米;双洎河新郑水文站21日6时超警戒水位2.14米;常庄水库20日19时10分超汛限水位3.82米;尖岗水库21日7时超汛限水位3.04米。

　　此次暴雨洪水对郑州市造成严重影响,郑州局全局职工上下一心,众志成城,战胜了极端天气造成的超历史洪水,取得了辉煌战果!各测站均完成水文测报工作,为社会为防汛工作提供了宝贵的水情信息，减少了人民生命财产损失，为全社会做出了极大贡献！

险情最为严重的 20—21 日，整整两天，常庄水库水文站每 10 分钟向水库管理部门报一次水位及库容信息，由于信息提供及时准确，水库经过科学判断开闸泄洪，常庄水文站的水情信息为保水库安澜、保郑州安全提供了重要数据支撑，为最大限度保障人民生命安全做出了极大的贡献！

告成水文站在 19 日 20 时至 20 日 6 时之间除向局水情部门按时上报雨水情信息外，又分别向市应急局、登封市政府、告成镇政府、下游白沙水库报送紧急雨水情信息及预警超过 30 余次。颍河沿岸铝硅钛厂及煤矿依据告成水文站预警信息，20 日凌晨 4 时左右迅速将厂区工人转移至安全地带，避免了人员伤亡。告成水文站向各部门提供的雨水情信息起到了不可或缺的作用，告成镇政府专门到告成水文站慰问并送来感谢信。

"我们党员干部自从入党那天起，就随时为党和人民牺牲一切做好了准备！保护人民群众的生命财产安全是我们义不容辞的责任！"这是席献军的承诺，也是千千万万抗洪一线党员干部的共同信念。

7 月 18 日—23 日，席献军连续奋战 6 天 6 夜，高强度、高压力的工作没有将他压垮，坚强的水文人从未忘记"团结、求实、奉献、进取"的水文精神。在席献军的指挥协调下，大家心往一处想，劲儿往一处使，任恶浪撕咬，始终不弃。哪里有险情，哪里就有席献军的身影，任身边洪水滚滚翻涌，心中热血始终沸腾。这是一个老水文人对事业最简单的执着，更是一位老党员对党、对人民最忠诚的体现。席献军用负责的态度、求实的作风、献身的精神,诠释了一个共产党员的责任和担当! 始终出现在最危险地方的他,身影就像一面高高飘扬的党旗,始终激励着同志们奋勇向前!

（撰稿人:李建贞）

告成水文站感悟

——"7·20"特大暴雨水文测报侧记

河南省水文水资源局

灾后检查，告成受损

2021年7月20日郑州遭遇特大暴雨灾害，26日，雨后晴热，我受郑州水文水资源勘测局相邀，上午11时驱车前往登封市告成水文站检查站房"7·20"特大暴雨水毁情况。

告成水文站位于淮河主要支流颍河上游左岸，靠近中岳嵩山，是向下游白沙大型水库提供入库流量信息的把口站，国家重要的山丘区域防汛站。该站位置偏僻，距告成镇政府及邻近乡村2—3公里，距郑州约2小时车程。

12时多快要到达时，顺着颍河岸边行驶，看到沿途多处护岸的混凝土板块和浆砌石被洪水冲得四处散落，石砌漫水桥的桥体和涵管被冲断掀翻，近岸多处家禽养殖场围墙及房舍倒塌，河床滩区砂卵石凌乱分布，沿岸的玉米、豆子等庄稼成片倒伏浸泡在淤泥积水中，满目洪水劫后疮痍。

水文站院坐北朝南，占地约5亩，砖墙围护，大门与颍河的护岸边有宽约8米的简易公路相隔，目前，公路靠大门的半幅因铺设大口径热力管道,从西向东挖有 3 米宽、3 米深、数百米长的施工大沟,沟在大门处断头留有进出站院通道,施工区域全部由铁皮围挡;院前墙临公路处有约 60 平方米的二层水文测流缆道工作楼,面对河内水文测验基本断面;院中有南向近 900 平方米单面建筑的地上四层、地下一层的值班综合楼,将该院一分为二。前院建有水文气象观测场、测流缆道、钢塔等工作设施,后院有饮水井、给排水管道等附属设施。

到站后,返聘的年已六旬的老站长李林友同儿子(现任站长李晓光)迎候,当一同谈及和察看水毁情况时,只见素来身体壮实的老站长步履蹒跚,上下台阶都困难,嗓音沙哑,眼内充斥血丝,神态略显疲惫,原因是在数日的暴雨洪水中昼夜不停地为防汛测报自救等工作奔忙操劳,双腿因受风吹雨淋水泡,造成俗话说的中"水毒"而肿痛。

经初步查看院内外灾害痕迹情况:院内积水深约 1.2 米,淤泥深 0.4 米;2.44 米净高的值班楼地下室水深 2.18 米,淤泥深 0.4 米;流量测验缆道漏水漫台阶,室内水深 0.6 米。所有房屋漏水,部分库存物资泡水,气象观测仪器毁坏,饮水井倒灌,供排水管道冲毁,砖围墙百余米沉降、倾斜、裂缝;院外河道断面处水尺桩冲毁,水位自计平台淤坏,水尺观测路及岸坡混凝土护砌毁坏等。

雨洪侵袭,艰难抗争

通过进一步座谈了解到:大汛期间,郑州水文局副局长韩庚申带领财务科科长张玉柱等 4 位同志按常规驻站值守,7

月20日突如其来的特大暴雨让人始料不及,凌晨3时因强烈的雨水冲刷造成供电动力线杆倾倒,站院停电,一片漆黑,供水随之中断,从未积过水的院内积水深0.4米,已成泽国。早晨6时左右,附近又传来一阵霹雳般的连续爆炸声,山摇地动的强波震得楼房猛烈摇晃、门窗剧烈颤动,黎明的天空突变为红色,大家还以为发生了地震,正在4楼发水情电报的韩庚申和李晓光急忙奔下楼,众人顿时处于一片惊慌之中(后来证实是附近的厂矿发生强烈爆炸)。

上午乌云厚重,天色更加昏暗,风狂雨骤,暴雨如注般劈头盖脸砸下,霎时间,周边田野、道路等积水深没过膝。特别是11时左右,因上游山区及乡镇民居区持续涌出的大量水流急速汇入颍河主要支流五渡河,导致该河道水位暴涨,河流满槽,受下游横向公路桥孔杂物的阻挡,水流下泄不及,迅速漫溢泛滥,致使平地起水深及腰,一片汪洋。水借雨势,风助水威,积聚的洪水似爆发般势不可挡地沿路向下游的水文站方向涌来,强势的激流将路上的车辆及堆积物等悉数冲掀入颍河中,原本应顺路泄入颍河的洪水,却一部分顺着施工大沟及铁皮围挡形成的水道从大门处汹涌冲入站院,霎时,院内水深达1.2米,涌浪高达1.3米,流速2—3米每秒,值班楼东边地下室外墙高于地面的采光窗迅疾被冲毁,滚滚浊流倒灌室内。由于院内土体为回填不久的深达数米的电厂弃渣细密粉煤灰,其结构层具松散软化特性,力学性质差,抗外界水体干扰能力弱,强力的水流冲击和积水浸泡使楼房建筑根基的稳定和人身的安全受到严重威胁。

这种接连发生的房屋震晃、暴雨倾盆、洪水肆虐、险象环生的极端恶劣环境,令人猝不及防,每个人都未曾见识和经历过,内心不免产生难以言状的不祥预感,一时间流露出恐慌、焦虑的忐忑情绪。慌乱期间,站长李晓光惊恐之余也做了最坏的打算,尽管他的 3 个年仅 13 岁的 3 胞胎女儿们近在咫尺,惊恐地蜷缩一团,用求生和祈盼的眼光注视着他,但他却顾不上安抚她们,而是首先想到把测得的暴雨洪水数据资料用防水胶带捆扎,仓促写明地址紧紧地固牢在胸前,一旦自己被冲入河中溺亡或房倒屋塌遇难,也能被人发现完好的资料并送回到站上。

面对极其罕见的、难以估量的特大暴雨洪水,为避免不必要的人员伤亡,大家商定先护送家属等向村镇安全高地转移。因出行道路被施工沟占据半幅,另半幅距浆砌石直立河岸边仅约 4 米,此时,路上的洪水涌动翻滚着沿陡峭的岸坎跌入颍河与河水融为一体,仅能以岸边树木辨别道路与河床;路基的粉煤灰土层多处被冲刷掏空或塌陷,形成暗流漩涡。面临着一边是明河一边是暗沟,稍有不慎会有被卷入河中或落入沟里的危险复杂情况,情急之下,老站长带领老伴儿、儿子和儿媳妇、3 个小孙女一家七口同市局的 4 位同志,共计 11 人,手挽手组成长阵,小心翼翼地在齐腰深的激流中摇晃挣扎着沿岸边路逆流而上,途中被风吹雨打得睁不开眼,水流冲击得迈不开腿。当举步维艰地行进到半途时,受到惊吓和劳累的老伴儿体力透支,再无半分力气前行,站立不稳被湍急水流冲倒,此时的老站长也是精疲力竭,拼尽全力仍拽拉不住她,惊恐而无奈地眼看着老伴儿顺势而下将被冲入颍河中,不由大声疾呼!惊险时刻多亏殿后的张玉柱闻声紧急跨前伸手抓住才化险为夷,这险要的一幕使每位人员都心有余悸,惊魂未定。滔滔的洪水让老人、孩子气力耗尽，寸步难行，饥寒交迫，进退两难，陷入了危在旦夕的绝境之中。危急时刻，偶遇附近企业的一辆大型铲车路过，将他们救出，才转危为安。

奋勇拼搏，辉煌成就

河水暴涨，院内外一片汪洋，自动计量的水位雨量观测设施设备被毁，半自动测流缆道因断电而停运，断水、断电、断生活来源，失去了正常工作的条件，但水文测报任务决不能放弃。恰在这时，市局席献军局长冒雨驱车涉水赶到，了解情况后现场做出部署：组织同志们奋力迅速返回战斗岗位，全面研判雨水动态变化趋势，重新调整异常时期应急预案，安排解决发电、排水、交通等工作、生活实际问题。

领导亲临一线靠前指挥，增强了同志们战胜困难的信心和勇气，明确了目标：罕见的特大暴雨既是灾害也是难得的珍贵资料，山区洪水暴涨暴落，峰值稍纵即逝，抢测机遇，时不我待。他们立即分工，果断采取应急措施，启动以人工观测为主的备用方案，实时获取雨水情信息，密切关注事态发展。由韩庚申副局长带领队员操作手持式电波流速仪到距断面上游350余米处的桥上测取流速计算流量，根据洪水涨落情势分时段测算，在雨水中来回奔波；老站长等人在断面处迎风冒雨观读临时水尺及人工雨量计采集数据，按规程要求加密暴雨加报和水位骤变观测次数；他们利用手电筒、计算器等原始工具，结合基本仪器设备，抢测雨量、水位、流量关键数值，汇总分析绘图，编码发报，从容有序地开展各项业务工作。由于通信网络信号受环境影响微弱不畅,就登高到 4 楼顶或到 10 余千米远较高处的芦店镇搜寻手机信号报讯;因院内排水不畅,洪水侵入时沦为水塘,洪水缓退时沦为泥塘,他们硬是顶风冒雨蹚水踏泥,深一脚浅一脚地争分夺秒,里外奔忙传递数据信息,全然不顾风刮雨淋、水泡泥泞和劳累困顿;至于喝水吃饭也都是矿泉水加方便面凑合着解决。防汛抗洪测报形势极其严峻紧张。

在断水、断电、生活物资缺乏的特殊困境中,他们克服困难不顾安危,昼夜坚持抢测暴雨洪水过程,最终测得建站以来最大日雨量 227.8 毫米,刷新了"96·8"极值日雨量 205.4 毫米的纪录;洪峰水位和流量数据属历史排名第三大值。除向省防办、白沙水库报讯外,还及时准确地向登封市政府、防办,告成镇政府,邻近乡村及周边厂矿企业单位提供雨水汛情信息,尽其所能解答各方的焦灼询问,用数据说明汛情变化,为当地政府和企业了解实际情况,缓解不安及消除疑虑,妥善采取应对措施,稳定民心,适时决策转移安置群众,保护生命,减免财产损失等起到了关键性的指导作用,提供了科学、翔实、可靠的水文技术服务。

告成镇政府此刻高度重视并紧紧依靠水文站,视其为防汛避险的保护神和主心骨,派专人昼夜守候在水文值班室,充满信任和期待地表示:"水文专业数据我们看不懂,只要你们说水涨多高了,我们就考虑安排人员撤离。"据初步统计,暴雨洪水过程中该站分别向各方报送 30 余次雨水情信息,镇上及时安排撤离 12 个村庄的群众 3 000 余人,人员零伤亡;厂矿企业也采取了相应转移救护措施,将财产损失减至最小。水文防汛测报工作的社会经济效益显著。

自强不息,由衷感慨

　　暴雨洪水过后,老站长匆匆安顿好家人,赶忙回站一边继续做好常态化水文业务工作,一边抓紧时间购置发电机水泵等急需设备,带领人员冒着高温酷暑日夜不停地发电抽水清淤自救,院内积水两天多才回落排出,共抽排院内及地下室积水1 000余立方米,清除淤泥720余立方米,清洗整理部分水泡物资等;还向有关部门和上级积极反映恢复电力和淘洗水井等事项,力求尽快解决供电和生活用水问题。由于洪水裹挟着泥沙及淹溺的猫狗等家畜尸体和生活垃圾滞留院内,空气中弥漫着潮湿腐霉腥臭污水的刺鼻气味,消杀工作开始有序进行。为确保楼房安全,对楼体的定期沉降观测也同步实施。同时,晓光站长不辞辛劳,忙内业和同志们完善归整测洪小结等各项基本资料,做到规范阶段性工作步骤有始有终;统计仪器设备设施水毁情况上报,组织水位自计平台清淤,设置临时水尺,修复气象观测场等。跑外业驾车逐一检查分布在乡镇及河道的水文巡测站点,最远距站50余千米路程,为继续迎战未来的暴雨洪水做好一切必要准备。总之,灾后恢复的诸多事宜他们都在忙碌操持。

　　这次特大暴雨灾害,使老站长家中财产遭受一定损失,因忙于防汛抗洪测报,抢运公共财产,其无保险手续的私家车来不及挪走也被洪水浸泡,家人们毫无怨言。水文工作者的无私奉献和担当精神也被当地政府及群众进一步认可并称赞,登封市政府、白沙防办在忙碌应对特大暴雨洪水期间专门来电对其提供的精准报讯服务致以谢意；告成镇政府在第一时间到站慰问，除送矿泉水、方便面等生活用品外，还送来锦旗，并向郑州水文水资源勘测局发去感谢信；郑州煤电股份有限公司告成煤矿也送锦旗一面，上书："精准测报，科学指导"，社会各受益单位都以真挚的情感表示由衷的感谢和敬意；周边企业职工和乡村群众对水文站同志也敬佩有加。

　　了解到这些惊心动魄的抗御暴雨洪水的闪光点后，我作为一个老水文人，虽听说过在震惊中外的驻马店"75·8"历史大洪水中水文工作者将个人安危置之度外，当好防汛"尖兵"和"耳目"的英勇事迹，但亲临现场耳闻目睹了告成站不屈不挠战胜郑州"7·20"特大暴雨灾害的过程场景，更加被其动人心弦的壮举震撼。深深感悟到，虽然人类在大自然灾害中显得渺小和无助，但水文一线基层职工始终胸怀责任担当的坚定信念是不变的，临危不惧焕发出战胜困难的巨大能量是不可低估的。纵然他们在前所未有的特大暴雨灾害面前曾慌乱迷惘甚至恐惧过，反映出常人的生理表象，但心态平稳且认清形势之后，毅然决然不顾一切忘我地与灾害进行殊死抗争，并圆满完成任务取得了胜利，这就是一代代水文职工赓续光荣传统、埋头苦干、共克时艰、拼搏奉献的大无畏精神，也是水文人战天斗地、不畏艰险、发扬光大的不竭动力源泉和传承红色基因的具体体现！特大暴雨洪水灾害的艰巨考验证明，他们是值得信赖的和坚强的队伍。这也是我因此有感而发，为他们取得辉煌业绩内心感慨的基本出发点！

（撰稿人：赵新智）

双洎河畔守水人

河南省郑州水文水资源勘测局

　　7月19日起,郑州出现罕见强降水过程,短时大量的降水造成郑州市发生严重内涝,多条河流出现超警戒水位,多个水库超汛限水位,个别水库存在溃坝风险,城市出现大面积停水、停电等严重灾害。自7月19日8时至22日8时,新郑水文站上游新密市遥测站实测累计降水量最大值为新密市王村站732.5毫米和新密市岳村站732.5毫米。受降雨影响,新密市双洎河、超化河均出现较大洪水,加之新密市李湾水库、五星水库泄洪,对新郑市双洎河两岸防洪造成巨大隐患。

　　汛情发生后,新郑水文站高度重视,精心分工,人员迅速投入战斗。19日晚,站长常建中、张富林和我冒着大雨前往新密超化巡测站抢测流量,高速上车胎被扎破,在做好安全措施后,我和站长冒着瓢泼大雨协作换好轮胎。到超化后,我积极计算数据,测完后立马算出洪水流量。新密市超化镇领导来到现场,对我们的敬业精神给予充分肯定,测验完成后及时将测验数据通报给该镇领导,为地方政府防汛工作提供了科学依据。

　　巡测回到站上之后,我一次次奔波于办公室和观测场之间,查看是否有平头,量取虹吸量,蒸发皿快到溢流孔时及时取水,防止溢流。

在这次洪水中,我主要负责缆道操作、计算流量、校核水位流量关系曲线、发送报文。我负责操作缆道,由于涨水期漂浮物较多、流速太大,主河槽的测速需要见缝插针,把流速仪置于水面以下,我在测速时一手拿秒表计时 30 秒,一手放在调速器上,随时把铅鱼快速提升至水面以上,防止漂浮物挂到铅鱼上,导致缆道受损。有时铅鱼刚入水,还没有 10 秒,因为漂浮物马上挂到铅鱼上,就不得不提出水面。在主河槽一个测速点需要重复上升、下降铅鱼好几次。每次完成测流,我需要马上计算出流量,在水位流量关系线上标注、校核流量曲线。在 20 日 13 时 49 分,水位 101.74 米,实测流量 225 立方米每秒。我发现迁站后历史上没有相应的历史资料作为参考,以前定的流量关系曲线已经不能代表此次洪水过程,会影响到向市防办发送报文的准确性,立马根据实测点重新制定报汛曲线。双洎河此次洪水过程最高水位 103.14 米,我于 21 日 6 时发送洪峰峰顶水情信息,通过实测资料修正后的报汛曲线,洪峰对应流量 1 400 立方米每秒。21 日 6 时 27 分,水位 103.04 米,实测流量 1 330 立方米每秒。根据这次实测流量校核,我于 6 时发送的洪峰峰顶流量完全符合。此次洪水过程由于受到河道环境、下游施工围堰、水流冲刷河床等多种因素影响,我共制定报汛曲线 5 条,保证了水情报文数据的准确性。洪水期间,我饿了吃方便面,渴了就喝口矿泉水,没有叫苦叫累,抓紧空闲时间休息,就又投入到紧张的战斗中去了。

7 月 22 日 22 时,我在观测水位时,发现 P7 和 P8 被洪水摧毁。全站人员十商讨会后设置临时水尺。我穿上救生衣，系上安全绳，举起大锤将水尺桩打入河床，设立临时水尺观测水位，水花四溅，汗水、河水湿透了衣服，擦把脸继续干。临时水尺的设立保证了水位的连续观测。由于基本断面受洪水冲刷，主河槽断面变化大及水流量、流速大等影响，需启用应急测洪方案。全站人员商讨后选择电波流速仪测流。我坚持使用桥测车测流，因为现在属于落水段，临时断面水面宽，相比较基本断面流速小，可以采用桥测车铅鱼测量水深，流速仪测速。电波流速仪断面受洪水冲刷，高程已经变化，加之流量系数由于对比数据较少，只能采用经验系数。二者相比，桥测车测流精度更高，能精准修正报汛线，保证水情信息的准确性。

双洎河水位在 20 日 6 时 40 分为 99.80 米，达到一级起报标准，我立刻把报文发送出去。20 日 9 时 20 分，水位 101.08 米，达到二级起报标准，需要 1 小时一报。自 20 日 6 时 40 分至 7 月 23 日 13 时共发送水情信息 60 次，为地方提供雨水情短信信息服务 26 次。及时向当地政府通报汛情，提供水情预警预报，当地政府及时采取措施，一定程度上减少了损失。

我的家在郑州市区，由于此次暴雨中心位于郑州市区，造成了市区停水、停电。由于进入主汛期，我自 7 月 14 日一直在站值守。家里面的老人和两个孩子都是我爱人一个人在照顾。两个孩子在极端天气和停水、停电情况下特别害怕，而我岳母因为肺部纤维化在家一直需要用制氧机吸氧。因特大暴雨造成的停电，妻子先领着两个孩子、抱着制氧机到 1 楼，然后返回 27 楼把岳母搀扶到 1 楼，送到附近未停电的宾馆吸氧。本来这些家里的重任应由我承担，我爱人却硬生生用柔弱的肩膀替我完成。在洪水间隙和她联系,她却没有丝毫埋怨我未在她身边,反而告诉我:"家里的事情你不用担心,因为你是党员,要有'舍小家为大家'的觉悟,在特殊时期更应冲在防洪第一线,用你的本职工作为防汛提供准确的数据。"正因为有家人的支持,我才能更好地投入洪水的测报工作中。

双洎河"7·20"洪水,是新郑水文站迁站之后的最大洪水。其间的困难与险阻,都没有阻止到我。只为一个信念,职责所在,义不容辞。我作为党员更应该学史力行、冲锋在前、勇于担当,把投身防汛作为检验党史学习教育的实践课堂,用实际行动践行共产党员的初心与使命,全力以赴打赢防汛这场硬仗。关键时刻顶得住、测得到、报得出、报得准,为防洪抢险提供可靠数据与科学依据,全力当好防汛救灾的"参谋"和"耳目"。我相信水文人的自信、担当、责任和使命定会伴随党旗飘扬在防汛第一线。

(撰稿人:孙元杰)

夜

水利部海河水利委员会漳河上游管理局

夜,黑沉沉的夜;河,清漳河的上游;雨,穿林打叶急骤的雨……几双炯炯有神的眼睛,紧盯着窗外;几双灵敏的耳朵,倾听着清漳河的涛声。由远及近、由小到大,仿佛万马奔腾,清漳河里的涛声呼啸着轰隆隆震荡着耳膜,巨大的涛声震撼着宁静的小山村中的芹泉水文站。

48.7 立方米每秒、70.8 立方米每秒、104 立方米每秒……

短短两个小时,山谷中奔腾而下的清漳河洪水裹挟着泥沙、石块迅速将水文测验标准断面彻底淹没。而这一刻的水文站测站房内,却是异常的安静有序,水文测验人员熟练地迅速操作手中的测流仪器,记录测验数据,校核数据,发出测验数据,一气呵成,第一时间将清漳河涨水测流信息传送到上级决策部门。

这是发生在 7 月 22 日凌晨芹泉水文站工作人员测量水情的一幕。工作人员在进站道路被冲毁的情况下,忠于职守、闻汛即动,成功抢测了洪峰数据,为清漳河下游防汛提供了第一手实测数据,为科学调度打足了"提前量"。

芹泉水文站坐落在山西省晋中市左权县芹泉村太行山脉

深处,是一座国家级基本水文站,隶属于海委漳河上游管理局,其所在河流属海河流域南运河水系清漳河东源,为泽城西安水电站的入库控制站。

进入 7 月以来,清漳河流域已连续降雨 10 多天,降雨虽不大,但是已经使土壤接近饱和,再有降雨,极易产流汇流,引发洪水。水文站工作人员及时分析关注气象预报,不断提高警觉性。

芹泉水文站工作人员时刻牢记习近平总书记"人民至上、生命至上"的指示,不等不靠,扎实备汛,入汛以来,积极学习水文测验知识,抓紧熟悉应急新装备使用,落实测验仪器设备校核维护。立足实际,提前将测验仪器、应急物资和食品搬运到测流站房,充分做好了在河边测站房长时间值守、测验的准备,随时准备投入战斗。

据 7 月 21 日气象预报,22 日凌晨,清漳河上游区域将有一次强降雨过程。21 日下午,工作人员进驻测站值守,严格按照超标准洪水应急预案,每隔 10 分钟观测一次水位,密切监视河道内水情变化。

23 时 45 分,河道水位急剧抬升,过水断面流量也从 1.74 立方米每秒急剧增长到 43.2 立方米每秒,洪水瞬间到来。工作人员目不转睛,时刻注视着水尺水位变化:882.10 米、882.88 米、883.48 米……洪水以每小时 25～30 厘米的速度暴涨。流速仪测流速度已无法完成大流量洪水测验,工作人员立即启用缆道雷达波测流,一个个数据就这样通过无线电波发送出去。

猛兽般的洪水逐渐淹没了整个测流标准断面,进站道路也被洪水冲毁。此次应急启用的缆道雷达波在线测验系统，是今年芹泉水文站刚刚安装的新设备。由于担心雷达水位计显示数据与人工水尺读数存在误差，工作人员没有紧急撤离，而是心无旁骛地一直守在测站房内，时刻关注水位变化，确保数据准确完整。

到22日8时10分，洪水已有10多分钟没有出现上涨，凭借着多年的水文工作经验，工作人员明白，洪峰已接近峰值。他们立即操作测流仪器，利用探照灯观测水位、抢测洪峰数据。10分钟后，水位884.26米，流量371立方米每秒，一组精准的洪峰数据跃然纸上。连续紧张的测验之后，工作人员不敢有丝毫松懈，急忙带着测验记录资料和仪器从测验现场撤离，转移到安全区域后，第一时间绘制水位流量关系线，校核报汛数据。

自清漳河东源发生洪水以来，芹泉水文站工作人员连续奋战48小时，始终坚守在岗位上，提交了流速仪测流成果1份、缆道雷达波测流成果73份、水情报汛30余次，通过水文信息手机报讯系统和移动通信，成功地将一份份数据发出。实时的测验数据准确地发送到海委、左权防办、泽城水库和晋中水文局。

水文人是防汛抗洪的"尖兵"，是水文站点防汛抗洪的"耳目"，水文数据是防汛决策的第一手科学依据。不期而至的强降雨、突如其来的洪水考验着水文人的忠诚、担当、勇敢和智慧。"面对严峻汛情，迅速启动应急预案，为抗洪提供科学决策数据；水文一线人员敬业守责、分工合作、迅速高效；漳河上游管理局（简称漳河上游局）相关负责部门调度有方，充分发挥了芹泉水文站应急监测的作用。"芹泉水文站站长王嘉晟说:"目前,本轮强降雨已基本结束,芹泉水文站成功抢测了此次洪峰数据,为两岸地方政府防汛决策、工程调度提供了科学依据,也为这座年轻的水文站积累了关键的洪水数据。水文站工作人员将继续严阵以待,抓紧检修维护仪器设备,落实部委局的防汛指示,持续扎实做好迎战8月上旬可能发生暴雨洪水的各项准备,以水文人的担当与情怀,在水文一线,践行共产党员的初心使命,以我之奉献,护下游安澜、群众安全。"

一个年轻的水文站点,几个年轻的水文人,就是在练中磨,在磨中练,就是在与洪水的鏖战中,经受住了危险的考验、实战的检验,向人民交出了合格的测验答卷。

(撰稿人:王嘉晟)

夜深灯影里的清漳河

水利部海河水利委员会漳河上游管理局

> 风劲雨急浪滔天，
> 分兵遣将勇向前。
> 一夜转战三千里，
> 誓守安澜保平安。

这是清漳河管理处的杨慧斌，在经过 10 月 7 日那一晚作的打油诗。由于连日强降雨，清漳河流域遭遇了建站以来最大的秋汛，上游水库先后超过警戒水位，下游河道持续大流量行洪，岳城水库汛情告急。10 月 7 日，接海委与漳河上游局通知，要求上游泽城西安水库闭闸错峰，清漳河管理处监督执行。此时，全处职工已不眠不休，连续奋战逾 50 小时，面临极大考验。汛情就是命令，防汛就是责任，清漳河全体职工风雨逆行，始终坚守自身使命，圆满完成了闭闸监督和测流报汛工作。

持续作战，使命必达

10 月 7 日 22 时，为减轻漳河下游防洪压力和岳城水库入库压力，确保漳河防洪安全，海河防总向山西省防汛抗旱指挥部发布了《海河防总关于调度漳河上游泽城西安水电站闭闸错峰的通知》,并要求海委漳河上游局做好督导调令执行工作。局领导马上电令局防办做好相关安排部署工作,并要求清漳河管理处立即派人前往泽城西安水电站执行闭闸停水现场监督任务。此时,清漳河管理处所有人员已按海委和局防办每2小时进行一次测流报汛的要求,坚持了三天两夜,人员疲惫不堪,仍在坚守测报岗位。"我知道大家已经十分困乏疲惫,但是情况紧急,关乎下游防洪安全,必须尽快到达现场完成闭闸监督任务。"面对突如其来的紧急任务,为不耽误麻田水文站正常报汛,清漳河管理处负责同志克服现有困难,带领在麻田水文站应急支援的林超同志和清漳河管理处司机杨慧斌立即出发赶往现场。因山区道路受洪水影响路况复杂,情况多变,为确保尽早尽快赶赴现场做好监督,同时电话要求粟城水文站刘瑞军、冯国臣立即从粟城水文站出发赶赴泽城西安水电站。山路因连日降雨已泥泞不堪,一路上滑坡、乱石、深坑随处可见,但此时此刻也只能将危险置之度外。11时左右,两班人马先后抵达泽城西安水电站闸门操控场所,实地见证到闸门关闭情况并拍取照片后,立即向局防办和海河防总进行了汇报,为不耽误粟城水文站正常报汛,粟城水文站两位同志立即赶回粟城水文站,做好泽城西安水电站入库水量监控工作。按照海委要求,工作组的同志必须彻夜盯守,以防半夜开闸放水。深秋的晚上已经很冷了,又在手机没有信号的深山里,孔凯、林超、杨慧斌三位同志把车上的雨衣、救生衣都裹在身上用来保暖,靠在车上,用熬得通红的双眼紧盯着出水口。"你听,是不是水声大了"。三位同志赶紧下车打着手电筒顺着石头路往泄水口靠近,确认没有放水后,才舒了一口气。应急支援队的林超调侃地说道,难得有机会三个人一起看一晚上星星。

不畏艰辛,坚守岗位

　　面对秋汛的严峻形势,清漳河管理处的同志们不敢懈怠,一直奋战在最前线。麻田水文站8日凌晨3时40分,熬了将近三天三夜没合眼的李杰强撑着身体,拿起测流设备,向汽车走去。在麻田站应急支援的汤欣钢心疼地看着李杰:"要不你别去了,我和吴勇进两人去就行""不行啊,麻田这边断面复杂,水流也复杂,我没事能坚持"。凌晨4时10分,按时完成报汛的李杰靠在床边睡着了,凌晨5时40分,汤欣钢看着关闭的房门对吴勇进说:"别叫李杰了,让他睡会吧。"等他们来到楼下时却发现,李杰已经在佝偻着腰往车上放测流设备了。

　　深夜的芹泉水文站灯火通明,负责芹泉站的王嘉晟长期坚持在测流报汛一线,难得与同样坚守在防汛一线的妻子见上一面,偶尔见上一面,也是匆匆待一晚上赶紧返回工作岗位,幼小的孩子也只能托给父母照看,想孩子想得厉害的时候也只能通过视频看看孩子,聊不多久就得挂掉,再去测流。爱操心的性格,使得他时不时地还得提醒其他两个站的同事,千万不能漏报、迟报。副处长穆军伟看着疲惫的王嘉晟,不断帮着检查设备、整理资料减轻其工作,并想着法为其做点好吃的补充热量。

　　7日深夜23时40分,匆匆忙忙从泽城西安水电站赶回来的刘瑞军和冯国臣,顾不上片刻休息,赶紧拿着设备往断面跑,"赶紧点,马上到零点报汛了,可不敢耽误了。"刘瑞军着急地看着后面跑不动的冯国臣喊道。刚结婚没几年的冯国臣,孩子一样还很小,多日的持续作战,让这个爱说爱笑的小伙子消停了很多,一个多小时的测流报汛间隙,顾不上再聊天开玩笑,赶紧躺在椅子上眯上一会儿,"很多天没见孩子了,不知道现在听不听话。"嘴里唠叨了这么一句,便睡着了。

秋汛无情人有爱

面对清漳河上游几十年罕见的秋汛,清漳河管理处的全体职工没有一个置身事外,推诿扯皮,大家分工协作,相互提醒,有的前往断面开展实测,不时用流速仪补充高水位数据,有的频繁启动雷达波比测,不间断进行数据上报;有的不断打电话与上级和地方水利部门沟通信息,密切关注清漳河雨水情变化。处里的司机、保卫也都穿上救生衣,打着手电筒为大家多带来一份光亮,就连处里的厨师也在想着法改善伙食,为大家补充热量和营养。还有应急支援队的同志们,与清漳河管理处的职工奋战在一起,不时提供业务指导,带队的汤欣钢是位"老水文"了,面对罕见的秋汛,也是不敢多睡一会儿,不断提出指导意见和相关要求,"现在水情变化复杂,短时间内波动较大,必须加密测次,准确把握变化趋势",他不顾危险和疲惫多次冒雨上桥查看水情变化情况。

不眠不休的四昼夜里,三个水文站共完成洪水测报近200次,完整、准确地记录了洪水涨落过程,为下游防洪安全做出了应尽的努力。清漳河管理处全体职工全力以赴迎战秋汛,从讲政治的高度,履职尽责、担当作为,放弃休假、连续作战,不分昼夜、不怕疲劳,严格按照海委和局要求做好测流报汛工作,及时掌握水情变化情况,为上级部门和地方科学防洪调度提供了精准的依据,发挥了重要的作用。

（撰稿人:李杰）

江河大坝的最美"医生"

湖南省水利水电科学研究院

　　说到防汛,湖南水利人感慨最多。因为湖南有 13 700 多座水库,5 公里以上的河流有 5 300 多条,年平均降水量 1 200~1 800 毫米。每到汛期,湖南水利人都十分紧张,思想处于高度戒备状态,防汛压力特别大。在每年的防汛抢险中,都涌现出了一批又一批可歌可泣的先进事迹和典型人物,王祥就是其中的一位。

　　王祥,男,中共党员,高级工程师,岩土工程专业硕士研究生,1983 年 1 月出生在安徽无为市一个农民家庭,作为家里唯一的男孩,除了和姐姐一起孝顺父母,还承载着光宗耀祖的重任。儿时的王祥看见家乡的田地经常遭大雨袭击,庄稼被淹,道路被毁,心想,如果人能控制雨水该多好。长大后,他报考了长江科学院,成为一名水利工程硕士研究生,开始了他儿时的梦想追求。

　　2009 年 7 月,王祥研究生毕业后被分配到湖南省水利水电科学研究院大坝安全监测中心工作,与无人机、水下机器人、管道机器人、红外热像仪等用于大坝安全监测、防汛抢险的科技设备结下了不解之缘,开始了他踏步三湘四水、巡查八百里洞庭湖的防汛抢险和科学研究之旅。如今,王祥已是大坝安全监测中心的主任和省水利厅防汛抢险专家库里的专家,肩负起全省水库大坝安全监测和防汛抢险技术支援的双重任务。他还是一位双胞胎的爸爸,一儿一女才5岁。家庭与事业从来都是男人的命根,但事情往往不能两全,特别是在汛期,照看儿女的重担就只能落在他的妻子身上,王祥选择了一心扑在大坝安全监测和防汛抢险的工作岗位上,不怕苦,不怕累,不惧凶险,冲在前面,撤在后头,不求回报,默默工作,无怨无悔,为湖南防汛抢险奉献他的智慧与汗水。

精益求精,他用无人机飞出湖南防汛晴雨表

5月的湖南,刚刚进入汛期不久,冬季刺骨的寒风还没有退去,阳春的温暖才刚刚到来,细细的雨如针丝般布满天空,从月初开始下,丝毫没有停止的意思。根据气象部门预测,近期降雨量还将进一步增大,必须做好水库保安措施,提前检查水库大坝安全情况。

5月14日,星期五,雨终于下累了,停下来喘口气,但天空仍然是厚厚的云层,没有一丝太阳光。应水库管理部门请求,王祥和同事小李一大早就携带无人机等设备赶往长沙县踏塘水库和付家冲水库,准备给这两座小(二)型水库的大坝进行安全体检。两座水库分别位于湖南省长沙县北山镇常乐村和王公桥村,距离县城十几公里,两座水库负责周边2 000多亩农田的灌溉任务,如果出现垮塌,不但会冲毁大量农田和房屋,也势必会留下旱灾隐患,将严重威胁人民群众的生命财产安全,是水利防汛的第一风险,必须经常进行检查防控。

从村口公路进入水库的路是碎石铺垫的小路,坑坑洼洼,崎岖不平,雨后更是泥泞打滑,汽车无法通行。王祥和小李就乘坐摩托车来到水库大坝顶上,取出无人机和控制器,检查设备性能,调试起飞遥测参数。随着"呜嗡"一声,只见搭载FLIR红外热像仪的无人机,那强劲的翅膀在空中画出一圈又一圈气流并快速上升,按照主人的意图迅速飞向目的地,开展对地侦查。

无人机遥感探测是利用无人机搭载红外热成像设备对堤坝进行快速巡检,检测堤坝渗漏情况,通过影像图片对比,将低温点判定为渗漏异常点,并经过一系列算法判断,最终推断出真实渗漏点,找到影响堤坝安全的隐患因素,为下一步清除安全隐患提供详尽的数据。

王祥遥控无人机对水库运行水位、大坝坝基、大坝上下游坡、溢洪道、穿坝建筑物等重要部位和关键设施进行一次又一次侦测,一次又一次翻看图片,仔细甄别图像的变化,一次又一次演算测出的数据,认真查找隐患点,举轻若重,一丝不苟。有时候,为了确保分析计算的结果准确,需要对同一个目标来回、高低飞好几次,就连身边的小李也觉得王祥太吹毛求疵、要求过高。他不这么认为,他告诉小李,我们是搞技术工作的,是科技工作者,我们要的数据是不被假象掩盖且绝对真实的数据。只有这样,拿到手的数据、分析计算出来的结果才是科学的、准确的,才能提供给水库管理单位和防汛部门参考,指导他们科学防汛,做到隐患早发现、险情早排除,确保水库大坝安全。

6月25日,王祥和他的团队又奔赴防汛一线的洞庭湖畔,与华容县水利局工作人员来到章华镇益丰村堤防段现场,开展了一场运用无人机红外探测、CCTV管道机器人等先进设备进行的堤防安全隐患排查,解决了洞庭湖汛期人海巡堤、夜间护堤、堤防隐患快速探测困难等问题,实现了对目标堤防段的三维立体式隐患排查,有效保障了该县325公里堤防的安全。

近年,王祥和他的团队,利用无人机对杨柳水库、酒埠江水库、欧阳海水库、青山垅水库等多座水库大坝进行了遥测探测,绘制了一张又一张大坝遥感监测图,提出了一条又一条有价值的建议,为水库管理单位和防汛部门提供了很多珍贵的第一手资料,充分发挥了水利科研院所的高科技优势。

严谨细致,他用科技手段为湖南的
江河水库堤坝把脉问诊

防汛,对于普通人来讲,只知道防洪水、防人员物资被淹。但防什么,怎么防,恐怕只有水利人知道。众所周知,湖南是水库大省,有大小水库近14 000座,分布在全省各地,多数是50多年前建的,水库大坝长期运行,筑坝材料会逐渐老化,高压水会对大坝不断渗流溶蚀,使得大坝及其地基的物理力学性能逐渐降低,偏离设计要求,影响坝体稳定与安全。虽然水库管理单位也会经常修修补补,但大坝、闸门的安全性究竟如何,谁也无法保证,发生事故乃至失事的可能性长期存在,影响大坝安全。一旦垮坝,少则十几万立方米,多则上百万立方米的水就会奔腾而下,咆哮而来,瞬间吞噬千万人的生命、冲

毁大量的房屋与农田,造成严重的经济损失,后果不堪设想。因此,水库大坝安全是湖南整个防汛工作的重心,是防汛的关键部位。每年汛前,各级水利部门都会要求水库管理单位加强水库管理,做好大坝安全监测,提前检修设施设备,做好水库安全度汛各项准备工作。

王祥和他的团队就是利用先进的探测、监测技术为湖南水库大坝和江河堤坝进行体检、把脉问诊的最美"医生"。他们依靠埋设在堤坝体内的感应探头、金属传感器、导线、温度计等监测设备设施和先进的安全监测系统,对水位、降水量、库水温、气温、坝前淤积、下游冲刷和坝体内部接缝、裂缝、脱空变形及渗流量、坝体(基)渗流压力、扬压力、绕坝渗流等进行监测,全面捕捉大坝运行期的性态,再利用计算机分析评判大坝及其他穿堤建筑物的安全性状及其发展趋势,给水库大坝进行健康体检,及时发现坝体病因,找出隐藏的危险点,供水库管理单位和防汛部门科学制订最佳整治方案,确保大坝安全。

5年来,王祥和他的团队先后对桃江县碧螺水库、蓝山县毛江水库、新邵县颜岭水库、湘乡市桃林水库、临湘市忠防水库和永州市零陵区南津渡水库等240多座不同类型的水库大坝进行了安全监测,提出了近1 000条建议,有效防止了水库垮坝事故,为湖南水库安全做出了积极贡献。

闻令而动,他奋战在防汛抢险第一线

6月的湖南正值主汛期、集中降雨期,由于雨量分配严重失衡,强降雨主要分布在湘中以北、湘西地区,湘西州、张家界等地区,共有 1 361 个水文站雨量超过 50 毫米,336 个水文站雨量超过 100 毫米,17 个水文站雨量超过 200 毫米,防汛形势趋紧。面对严峻的雨情、水情,省水利厅坚持"人民至上、生命至上",按照"五个确保"的总要求,加强水库调度,派出多个防汛督导组督促各地落实防汛责任,强化防汛措施,全面查险排险,确保水库安全,王祥就是派出的多个防汛督导组中的一员。

2021 年 6 月 28 日(星期一)早上 6 时多,还在休假中的王祥突然接到省水利厅水旱灾害防御值班室的紧急通知,让他作为防汛技术专家随同厅防汛工作监督指导组火速赶赴张家界市水利局协助当地指导防汛工作。水情就是警情,通知一到,人就得走。王祥来不及跟妻子细说,急忙刷牙洗脸,将两套换洗的短衣短裤和洗漱用品塞进一个泛旧的背包,赶紧打包无人机监测设备。临走时,他叮嘱妻子要按时接送一对双胞胎孩子去幼儿园上学。因为王祥自己也不清楚,此次一去,不知道是几天还是几周,防汛抢险的事,谁也说不准。一对双胞胎儿女是他最大的牵挂,使命在肩的他不能只顾念自己的孩子,洪水威胁之下的老百姓和他们的孩子还等着他去解救。虽然每次回到家中,左右脸颊迎来的唇吻让他倍感做父亲的自豪,但他又为这两个可爱的孩子付出了多少呢? 多数时间都是妻子一人默默地支撑,他投入工作的时间远远大于为妻儿付出的时间,这是他欠妻子和双胞胎儿女的。想到这些,他含泪拎包、背着无人机监测设备走出了家门,义无反顾地奔向那风雨交加的防汛战场……

　　经过 3 个半小时的行车后,上午 10 时 35 分,王祥和厅防汛工作监督指导组赶到张家界市水利局防汛会商室,先听取工作人员汇报近期雨情、水情,然后查看了降雨分布图,分析了水情走势,了解重点水库水位、库容及周边老百姓情况,并与当地防汛部门研究部署预防方案。时间就这样一分一秒地闪过,会议室慢慢亮起了灯,黑夜里的他们正为这场鏖战而运筹帷幄。

　　旅途的劳累,并没有影响王祥清醒的头脑,他是省厅派出的技术专家,代表省级科研院所的技术水平,他的建议或意见会在很大程度上影响防汛方案的制订执行,他不能掉以轻心,压力在使命之时就已层层加码。

　　6 月 29 日(星期二)吃过早餐,王祥和厅防汛工作监督指导组其他成员赶往桑植县指导防汛,简单听取县水利局汇报后,驱车前往 2 座水库和 1 个山洪灾害点进行现场督查。在水库现场,他认真检查了水库责任人告示牌、水库蓄水水位、大坝坝体、闸门、监测设备设施等情况,仔细翻阅了汛期应急预案、调度规程、运行记录、水位雨量流量记录表等相关资料,现场测试了闸门泄洪、应急广播系统使用、视频监控系统运行、自记水位计读数等情况,对发现的问题及时提出解决的方法和建议。在山洪灾害点,王祥查看了村里制订的山洪灾害防御预案、责任人、应急演练、转移路线、转移安置点、各类告示与宣传等落实情况,又到 3 处人员安置点,查看食品、饮水储备和彩条布、铜锣、口哨、手摇报警器等防汛物资落实情况,对不完善的地方,他不厌其烦地给基层水利干部和村民讲道理、讲后果、讲方法,希望他们高度重视,扎实做好各项措施,确保人民群众的生命财产安全。

6月30日(星期三),王祥随防汛督导组赶往张家界市永定区水利局和慈利县水利局,在当地水利部门工作人员的陪同下,又检查了4座水库。针对发现的水库两岸高边坡有落石隐患、坝肩绕坝有渗漏点、雨水情观测设施不完整、大坝安全监测设施不完整,且未按规范开展监测工作等问题,王祥除了告诉当地水库管理单位和防汛部门如何解决,还利用晚上休息的时间起草了详细的解决方案交给他们,他需要用自身的行动告诫基层防汛人员,面对雨情、水情、汛情,我们不仅是思想上重视,更要以行动支撑,能谨小慎微、严加防范,要做好各项防控措施,用百分之百的责任心确保人民群众生命财产百分之百的安全,这才是我们水利人担责任、践使命、显初心最具体的体现。

日沐清风,晚熬灯火。三天的奔忙,三天的风雨,虽然不是与死神拼得鱼死网破,但紧促的行程,马不停蹄地赶往各个水库现场查险排险,发现并消除了很多安全隐患,王祥还是觉得不虚此行,嘴角不由流露出一丝微笑,头枕汽车的靠背,随着车子一上一下、左晃右摇的颠簸慢慢进入了梦乡……

(撰稿人:何英耀)

坚守中的测站 卫河边的哨兵

河南省安阳水文水资源勘测局

五陵水文站位于安阳市汤阴县五陵镇五陵村,地处卫河中游,在汤阴县、内黄县和浚县交界处。该站水位从 7 月 11 日开始持续上涨,出现了超警戒水位和有实测记录以来最高水位。

防汛形势日益严峻

7 月 11—12 日、17—23 日,卫河流域遭受了两次强降雨过程,特别是 17—23 日的超强暴雨,导致山洪暴发、平原积水、水库水位急涨并超汛限水位,上游水库泄洪,加之地表径流汇集卫河后,造成卫河水位不断上涨。截至 7 月 30 日,卫河水系 9 大蓄滞洪区已经启用 8 个,防汛形势十分严峻。连日来,五陵水文站全体职工奋战在防汛第一线,水文测报工作一刻也未停止!

好站长领头干

站长李树杰是一个"70 后",工作作风踏实严谨,责任心极强。他根据上游及本站水位、流量信息,及时调整安排部署本站工作。随着水位不断上涨,拍报次数也不断增加。在他的合理安排下,既保证完成了工作,又照顾到了大家有适当的休息时间。他经常是连轴转,晚上值了夜班,白天还要坚持测流。测流时他总是抢着去清理流速仪上挂着的杂物,中午太阳暴晒,他的脸和胳膊被晒得通红,汗水顺着额头往下流;晚上风大水急,茂盛的野草里有时还会有蛇出没……

　　本次洪水已超该站有实测记录以来的最高水位、最大流量,为了测得完整的涨落过程,大家从未离开测站。期间,李树杰的爱人给他打电话说家里的老房子被淹了,他说现在正是防汛测报最吃紧的时候,我必须 24 小时在站,你们自己想办法吧!后来,他丈母娘住院,接到电话后,他依然表示不能离开测站,请爱人在丈母娘面前帮他多出一份力。看着他熬得通红的双眼,听着他嘶哑的声音,同事马利芳劝他白天休息会儿,他总是说,我睡个把小时就能缓过来劲儿了,现在让我睡,我也睡不踏实,等洪水退后再好好补觉吧!

老职工争着干

　　站上年龄最长的要数“60 后”王振兴了,今年 58 岁的他,有着 41 年水文工作的经验,他所发明的水文智能自动化测流系统曾荣获三项国家发明专利,他将此项先进技术应用于五陵水文站,汛前又对该系统进行了升级改造,极大地提高了水文测验的便利性和安全性。在升级改造缆道自动测流系统后,需要经常查看缆道各部件的实际运行情况。特别是经历了此次强降雨,土质疏松下沉,为了检查缆道基础的稳定性及地锚的牢固性，需要到一人多高的玉米地去查看，身穿短袖短裤的他，出来时胳膊和腿上满是鲜红的划痕，被汗水浸后火辣辣地疼，他却丝毫没有注意到。升级后的缆道虽然减少了野外工作量，但测流过程中需要紧盯屏幕，及时操控缆道避让水面的漂浮物，防止流速仪受损，影响数据的准确性。特别是夜间测流，由于视线不好，更要时刻紧绷神经，这对年近60岁的王振兴来说，也是一种考验。他经历过"82·8"大水，有着丰富的工作经验，对于测流中遇到的困难，他总能及时提出建议和方案，毫无保留地将自己的经验传授给年轻人，做好了传帮带的工作。

女职工抢着干

　　马利芳和崔花瑞都是"80后"的女党员。马利芳家在开封，2005年到五陵水文站工作，至今已有16个年头了，为了工作，她与家人聚少离多，特别是汛期，根本顾不上照顾家人，她把两个年幼的孩子托付给了公公婆婆，自己全身心地投入到工作中。观测雨量、水位、水温，资料计算整理、值班、拍报，一项工作也没落下。大雨的时候她不停往观测场跑，时刻观察自记雨量计的工作状态，及时量取、记录虹吸量，更换新的记录纸。对更换下来的记录纸，立刻进行雨量统计和订正。再苦再累她都没有说过一句，只是有时候接过家里的电话后，她会感觉愧疚，会想念孩子……崔花瑞自7月23日到五陵水文站驻站后，及时熟悉站上情况，听从站长安排，迅速进入工作状态，点绘水位—流量关系线、编发报文、撰写测洪情况报告等,一刻也不停歇。她也是两个孩子的母亲,而现在同样也无法顾及孩子的生活。作为支部委员,她不仅要支援站上的业务工作,还要了解大家的所思所想,及时反映、解决存在的问题,不断凝聚职工思想,增强工作动力。她们用实际行动践行着入党的初心和使命,在测报一线树立起了一面高高飘扬的旗帜。

担当使命,原地坚守

因上级防汛指挥部门提前发布洪水预警,五陵镇及附近村庄的群众都已撤离。撤离时熟人跑来站上,叫站上的人跟他们一起走。大家非常感动,但职责所在、使命所系,这里是水文人的阵地,不能撤!夜晚空旷的村庄漆黑一片,只有水文站的办公室灯火通明,像驻守在河边的一座灯塔。

人员全部撤离,随之影响的是无法购买到食品、药品等物资。李树杰和王振兴患有心血管疾病,需定期服药,而药吃完后却无处购买,停药后他们胸闷头疼,王振兴牙痛不止,但他们都默默地忍受,从未提起。崔花瑞和马利芳发现他们的反常,仔细询问才知道原因。崔花瑞将情况反映到局里后,局领导立即安排人员帮他们购买所需药品,并及时送到,缓解了他们的病痛。五陵镇政府也及时送来方便面、矿泉水、面包、牛奶、头灯等物资,慰问坚守在防汛最前沿的水文职工,解决了食物紧缺的问题。

各级领导高度重视

特殊水情加上其重要的地理位置,五陵水文站引起水利部、海河水利委员会、漳卫南卫河河务局,安阳市、汤阴县、五陵镇各级政府的高度关注,安阳市副市长、汤阴县委书记、县长等领导多次到该站查看水情。涨水期间,分包五陵镇防汛的汤阴县统战部部长、人大常委会副主任、政协副主席及五陵镇政府领导每天从早上6时到夜里12时,多次到站上询问水情。

7月30日凌晨,五陵镇防汛前线指挥部设在了五陵水文站院内。

7月31日,由水利部防御司督查专员顾斌杰、海河水利委员会副主任刘学峰等组成的防汛督导检查组一行5人在河南省水利厅总工李斌成的陪同下,来到了五陵水文站进行防汛督导检查。

8月2日,漳卫南卫河河务局副局长段峰到五陵水文站查看卫河汛情,并召开水情研判会。

洪水未退,持续奋战

7月11日至8月3日8时,五陵水文站共拍发雨水情报277份、实测流量52份,准确及时的水文数据,为各级防汛指挥部门提供了坚实的技术支撑。目前,五陵水文站的水位在缓慢回落中,8月3日10时,水位落至55.99米,低于警戒水位。五陵水文站的全体职工仍在持续奋战,守护一方群众的平安。

(撰稿人:崔花瑞、赵飞燕)

防汛抗洪担使命　守望珠江保安澜

珠江水利委员会水文水资源局

　　朋友,当你漫步在珠江两岸,感受秀美风光的时候;当你静坐家中,望着窗外雨打芭蕉的时候,你是否知道,有一群人,为了守一方水土,保一方安澜,每天五更起、三更眠,他们顾不上家里嗷嗷待哺的孩子,顾不上自己身怀六甲的身体,用自己的行动,践行着共产党人的使命和担当。他们就是珠江的"守更人"——珠江水利委员会水文水资源局水情预报中心(简称水情中心)的同事们。

　　水情中心是一支年轻的队伍,他们的平均年龄不到30岁,是一支名副其实的青年军;他们是一支奋进的队伍,18个人中,有13个人为中国共产党员,其中很多人在大学时便加入了党组织。正是这样一支队伍,在2021年极端天气频发、台风活动加剧的情况下,出色地完成了各项防汛任务,坚决守住水旱灾害防御底线,确保了珠江安澜。

未雨绸缪 超前部署

　　在许多人的印象里,防汛工作,总是伴随着汛期一同开始的,但水情中心的防汛工作,却开展得格外的早。为了做到未雨绸缪、有备无患,同时也是对防汛工作高度负责,2021年春节假期刚过,水情中心便组织召开汛前动员会,提前安排部署2021 年汛期各项工作任务,确定水情信息系统及设备网络维护、流域雨情及江河主要控制断面水情实时跟踪与预报、重要站点预报方案修编、流域中长期雨水情预测预报、水情信息化系统研发等重点工作时间节点及责任人。今年 3 月,水情中心根据 2021 年珠江水利委员会(简称珠江委)水旱灾害防御工作要求,在对去年流域报汛情况进行统计分析的基础上,认真梳理调整今年报汛报旱任务,印发了关于做好 2021 年报汛报旱工作的通知,同各省(区)各部门紧密合作,共筑防汛信息保障防线。为确保报汛数据传输正常,水情中心提前对水情信息业务的软硬件设备进行全面检查,更换存在隐患的设备部件,完成数据库清理、重要水情信息备份、流域大中型监管水库特征水位信息及防汛通讯录复核更新等工作,保证汛期水情数据及信息发布及时准确。

在正式进入汛期前,为了确保防汛工作的万无一失,贯彻落实李国英部长在水利部水旱灾害防御工作会议上的重要讲话精神,坚持"预"字当先、关口前移,切实做好"四预"工作。在不设剧本、真刀真枪、模拟实战的 2021 年珠江流域防洪调度演练中,水情中心的同志们充分准备,从容应对。在演练过程中,珠江委主任王宝恩在多个洪水典型年中随机挑选"94·6"历史大洪水同等量级洪水作为防御检验对象,并且考虑降雨预报的不确定性,要求将未来 4 天的降雨数值预报值分别增加 10%、15% 和 20%,对不同降雨预报情景下的流域主要江河控制站点进行洪水预报。随着降雨数据的输入,水情中心自主研发的洪水预报调度系统迅速计算出洪水预报结果,江河控制断面水位流量预报数据及过程线、重要水库入库流量及库水位变化过程线在会商大屏幕依次展现,为后续调度防御应对分析提供技术支撑。在这次防洪调度演练中,水情中心精准研判雨水情势,采用的预报模型及方案适应性强、操作灵活、运算速度快,极大满足实战需求,为防御工作提供了重要保障。

利剑出鞘　及时响应

在厉兵秣马、严阵以待的准备下,2021 年的汛期如期而至,水情中心全员斗志昂扬,誓要将困难重重的防汛工作变成实现自我价值的最好舞台。

珠江流域的汛期比其他流域来得都要早一些。据统计,4—9 月处于汛期的珠江共发生 20 次强降雨过程,先后有 70 条河流、89 个站点发生水位超警,其中柳江支流古宜河勒黄站洪峰水位超警 3.43 米,为 1958 年建站以来第四次大洪水。针对今年汛情,水情中心共发布洪水蓝色预警 2 次,发布洪水预报 14 站 1 182 次。疫情、台风、强降雨和超汛洪水接踵而至,面对一个个困难,水情中心兵来将挡、水来土掩,科学准确地攻克了一个又一个难关。

疫情出现怎么办? 没问题,坚守岗位不离穗,枕戈待旦渡难关。2021 年 5 月末,正是广州处于本土疫情防控关键时期。而就在这个时候,5 月 29 日—31 日,珠江流域遭遇一轮最强"龙舟水"降雨过程,广东省惠州市龙门县龙华镇 3 小时降雨量达 400.9 毫米,打破广东省 3 小时降雨纪录,东江、韩江、珠江三角洲等多条河流出现明显涨水过程。在疫情汛情的双重挑战下,水情中心发挥党建引领作用,在统筹做好防汛值班安排的前提下,全员严格遵守"非必要不离穗"规定,随时待命准备支援。值班人员密切跟踪流域雨水情变化,滚动加密开展洪水预测预报,及时发布预警信息,做细做实各项工作,牢牢守住水旱灾害防御底线。

强降水,超汛洪水怎么办?没问题,科学预报抢先机,联控联调保安澜。6 月下旬,流域自西向东出现汛期最强降雨过程,100 毫米以上累积降雨笼罩面积占流域面积的 21%,柳江、桂江及西江干流均出现不同程度涨水过程,水情中心提前一周对此次洪水过程进行研判,及时滚动更新预报成果,其中,京南站提前 90 小时预报洪峰误差 5.2%,柳州站洪峰误差 −8.5%,大藤峡水利枢纽入库洪峰误差 −4.2%,梧州站洪峰误差 −7.0%。及时精准的洪水预报,为珠江委开展西江中上游水库群联合调度提供了有力的技术支撑。经珠江委组织协调,流域 10 座次水库累积拦蓄洪量约 45 亿立方米,成功避免了西江干流武宣站超警,西江干流梧州站洪峰流量削减了 2 400 立方米每秒,降低洪峰水位 1.2 米,大大减轻了西江中下游防洪压力,确保大藤峡工程施工度汛安全和武宣库区防洪安全。

台风过境怎么办?没问题,夜以继日盯雨情,会商研判防未然。7 月 20 日 21 时 50 分,2021 年第 7 号台风"查帕卡"登陆珠江。此时正值"七下八上"防汛关键期,郑州遭受特大暴雨袭击,珠江流域也正面临"初台"考验。与常年同期(6 月 27 日)相比,今年的首个登陆珠江的台风晚了 27 天。但是其一生成,就在 15 小时内实现强度"三级跳",快速从热带风暴级加强到台风级,并且移动速度缓慢,在广东阳江沿海登陆后,从广东、广西两省(区)穿行至北部湾,陆地停留时间长达 55 小时,所到之处均带来较强降雨,粤西沿海大部地区累积降雨量 100—250 毫米,局地达 250—400 毫米。这让水情值班员们高度警惕。责任重于泰山,防汛安全来不得半点马虎。台风影响期间,值班人员密切跟踪监视"查帕卡"移动路径,紧盯强降雨落区,及时报送中小河流洪水及超汛限水库水情信息,为流域科学实施水工程防洪调度提供技术支撑。随后,西北太平洋及南海进入台风活跃期,半个月内接连生成 5 个台风。据统计,今年影响珠江的台风共 7 个,其中 4 个登陆珠江。每个台风都有自己的特点,千变万化,不管它是凶猛的还是温柔的,水情中心都密切跟踪其发展动态,在每个台风的孕育、发展及消亡过程中,及时分析研判台风走向和登陆地点,并结合气象部门的预测成果,分析台风可能影响范围内降雨的量级和落区,开展靶向预报,并及时发布相关河流的水情预报。

在水情中心全员努力下,珠江流域平稳度过汛期,为人民群众生命财产安全提供了坚实的保障。

团结协作　强化担当

在与汛情的战斗中,水情中心的成员们主动担当、迎难而上,出色地完成了汛期各项工作,回到生活中,他们也是一个个普通人,有着自己的故事、自己的烦恼,他们是孩子的父母,他们是老人的孩子,他们有的是初出茅庐的大学生,有的是经验丰富的老前辈,但在面对汛情时,他们都只有一个名字,那就是"珠江委水文人"。

分管水情中心的钱燕副局长是水情中心的党支部书记,也是一名"老水情人",从大学毕业就一直从事水情工作,虽然现在位居领导岗位,但她仍身先士卒、率先垂范,防汛关键期坐镇指挥水情中心做好雨水情预测预报工作,每一份水情分析材料、会商汇报材料、重要断面预测预报成果都亲自审定把关。

6月下旬,珠江流域全面进入了主汛期,流域台风开始活跃,这时,水情中心副主任杜勇接到了水利部下发的援藏文件,他知道作为一名共产党员,在党和人民需要自己的时候,冲锋在前是自己义不容辞的责任,面对严峻复杂的汛情,看到同志们高强度的工作,特别是还有一个多月就临产的苏明珍仍然坚持在防汛一线,面对本已应接不暇的工作,他又要远去西藏,他陷入了思考,保一方安澜是水利人与生俱来的使命,如今自己却只能将重任交给一起工作的同志们,实在是难以抉择。关键时刻,水情中心的同事们看出了杜勇的心思,纷纷表示,家里工作的事情不用担心,加班加点也会做好每天的雨水情预测预报,放心去吧,那里的人民更需要他。有了大家的支持,杜勇放心了,带着委的重托,局的期望奔赴了未知的远方,以高度的政治责任感和高昂的工作热情,充分发扬"工匠"精神,克服各种困难,以无私的奉献坚守在第一线。

杜勇暂时的离开,使得他负责的工作落在了副主任张文明的肩上。张文明作为水情中心的技术骨干,有着扎实的学术功底和丰富的实践经验,在一年中最紧张的几个月中,兼顾信息科、预报科、水情科三个科室的重要工作,发挥"大禹三过家门而不入"的水利人精神,经常加班加点奋战在防汛工作的第一线,使水情中心的一切工作仍然进行得井然有序。

卢康明作为预报科副科长,业务能力和责任心都非常强,在今年18号台风"圆规"的影响下,10月10日晚上,他突然接到水库负责人进行加密预报来水情况的要求,但这天是一个新员工值班,时间紧、任务重,他在网上手把手教学,"把实况降雨图发过来","洪水峰值需要调整一下","为了预报结果可靠,请再做一遍",晚上11时多结果终于发了出去,值班员表示:"虽然今天不是卢科长值班,但他做的工作一点也不少,他负责任的态度让人敬佩,也让我对自己所做工作的重大意义有了更加深入的认识。"

有着14年党龄的苏明珍,是一位有8个月身孕的准妈妈,尽管单位没给她安排汛期24小时值班任务,但是她觉得在汛情紧急的时候自己应该出一份力。今年第7号台风"查帕卡"防御期间,她在做好流域雨水情中长期预测预报常规工作的同时,连续一周负责会商材料准备工作,"挺着大肚子"参加会商并作汇报,成为防汛会商室一道最耀眼的风景线。直到台风"查帕卡"在7月24日晚11时停止编号,她激动地在工作群发出"这次战役终于胜利了"的消息,她时常告诉大家"要干一行爱一行,承担起自己的责任,牢记自己的初心使命",她用实际行动诠释了这句话,也正是这种艰苦奋斗、无私奉献的精神鼓舞着水情中心的同志们充分发挥战斗堡垒作用,不计得失,奋勇逆行。

　　水情中心是 2019 年机构改革后新组建的团队,团队不仅年轻,而且新人多。从事水情工作 2—3 年的有 4 人,今年 7 月刚毕业入职的有 4 人。在水情中心"传帮带"的氛围中,刚参加工作 2 年的陈学秋是团队中非常有责任心并且工作细心的党员,她毫无保留地为今年刚毕业入职的 4 位新人做入职培训,耐心地讲解如何编写水情简报、如何做好值班值守、如何编发预警短信、如何做好洪水预报、如何编制会商材料。4 位新入职的党员同志积极学习,虚心求教,不到一个月时间已熟悉水情主要业务工作,可以独立承担值班值守工作。

　　守好防汛阵地,保卫珠江安澜。水情中心的防汛故事还在继续,他们仍然在用自己的实际行动践行着共产党人的初心和使命。朋友,你们可能一生都不曾与他们中的某些人相识,但请你记住,滚滚江水奔流向前时,两岸民众的安全,有他们的一分坚持;滔滔长河川流不息时,四方土地的平安,有他们的一分力量。他们的目标只有一个,那就是为党和人民守护珠江这一方安澜,他们坚守的初心十分简单,那就是珠江风调雨顺、百姓安居乐业。如果你问他们,还有什么其他的愿望,他们会告诉你:唯愿我中华文明如这珠江水般,勇往直前,永流不息!

（撰稿人:田丹）

弘扬建党精神　迎击台风"烟花"

江苏省水文水资源勘测局苏州分局

于海上"盘旋"多日,在浙江二次登陆,深入内陆影响多个省份;携带疾风和水汽,叠加天文大潮,掀起猛烈波澜……台风"烟花"不仅引起持续性的强降雨,导致河南等地内涝灾害严重,还对江浙沪造成严重影响,防汛形势十分严峻。

7月26日傍晚,"慢性子"台风"烟花"进入江苏境内,苏州首当其冲。苏州重要河湖水位普遍上涨,超警超保,部分站点水位超历史记录,防汛形势严峻。

在风暴潮洪"四碰头"的挑战下,苏州水文人牢记和践行为人民谋幸福、为民族谋复兴的初心使命,是苏州水文人心里一道红线。在每一次汛期到来时,党总支都会带领全局,不畏惧防汛的艰难形势,毫不退却,勇于担当,正面迎击,以坚定的信念砥砺对党的赤胆忠诚。扛起精密监测、精准预报和安全生产的责任大旗,冲锋苦干,迎击"烟花",鏖战三昼夜。

闻"汛"而动

7月24日,台风"烟花"中心位于距苏州东南方向约550公里海面。受台风"烟花"外围影响和天文大潮共同作用,长江镇江段以下高潮位超警。苏州市启动防台风Ⅲ级应急响应。

  汛情就是命令，关键时刻苏州水文分局党总支担当起职责使命，带领全局闻"汛"而动，立即启动水文应急监测预案，对沿江各闸坝排江水量和环太湖沿线各口门进行水量监测，出动24人施测36处断面，及时掌握各断面排水情况，为防汛调度指挥提供决策依据。同时，派出多个外业检查组，再次检查水文监测设施设备，确保各类仪器设备正常运行。苏州水文分局主要负责人许仁康身为党员，当即赶赴瓜泾口、平望、望虞闸等水文站检查指导，要求各测站密切关注台风动向，加强24小时值守，充分做好各项应急监测准备。身为党员干部，他深知台风形势当前，务必要确保措施到位、责任到位，做到万无一失，这是践初心、担使命的关键时刻。

  在苏州市防台风应急响应提至Ⅱ级时，他立即召开紧急会议，对防汛测报、值班值守、应急响应、安全生产等工作进行再布置、再落实，要求把工作重心全面转为防汛防台风，支援应急监测，加强分析研判和预测预警，全力做好台风期水文工作。

  在长江沿线口门开展排水入江水量监测，在环太湖口门开展流量测验，可全面掌握排江、出入太湖水量情况。沿江口门水文应急监测急缺人手！水质科全体人员在高效完成日常工作的情况下，主动请缨赴前线监测。水质科副科长姜宇同志，一个月前就安排好了暑假带孩子出游的行程。在他即将出发赶赴机场的时刻，收到了分局召开防汛抗台紧急会议的通知，他立刻推迟了出行时间，参加了分局紧急会议。会议结束，他意识到本次抗击台风的任务艰巨，工作多年的他知道台风期间水文应急监测的重要性和紧迫性,毅然取消了全部出游计划,主动请缨参加防汛抗台应急监测。出行落空后,面对孩子眼泪汪汪、满是失望的面孔,他蹲下身子坚定地对孩子说:"爸爸是一名共产党员,是一名水文人,防汛抗台是爸爸很重要的责任。"党员冲锋在前,舍小家,保大家,在家人面前,水文人也做出了知行合一、表里如一的表率,必要时要有所取舍,有所牺牲,把践初心、担使命时刻记在脑中,付诸行动。

　　像这样冲锋在前的水文人还有很多,他们分成多路,到沿长江口门、环太湖口门、京杭大运河沿线开展应急监测,做到水文数据精准、及时、全面监控,为防汛科学决策、工程精准调度提供了水文技术支撑。

　　截至 25 日,苏州水文分局共出动 61 人次、10 车次开展应急监测,施测断面 90 处,编制水雨情快报 4 期,为掌握台风动向、研判应对举措提供了科学依据。

向"险"而行

　　7 月 26 日上午,台风"烟花"在浙江嘉兴平湖二次登陆。26 日 17 时许,台风中心进入江苏境内,淀泖区、大运河、太浦河沿线水位有多站超警超保。疾风劲雨随台风螺旋雨带奔袭而来,天文大潮"卷起千堆雪"。一场与风暴潮的正面遭遇战就此打响!

　　在党总支的带领下,苏州水文人上下一心,党员干部们冲在第一线,守在第一线,干在第一线,真正做到了同人民想在一起、干在一起,风雨同舟、同甘共苦,坚持做到对党忠诚、不负人民,冲锋在监测最前沿的是他们,在防汛第一线坚守的也是他们,党员们不畏艰难的身影,在防汛的危急时刻,是最可靠的"定心丸"。

26 日 18 时,太浦河平望站水位达 4.27 米,直逼历史最高水位 4.33 米。当天深夜,水情科值守的党员顾林森始终保持高度专注,一刻未曾合眼,整晚紧盯水位过程线,生怕错过一点水情变化。基于这些记录下的实时数据,每 4 小时,他就会编写一次水雨情快报,这些快报经过审慎分析研判,会形成洪水预报结果。随后,这些数据和预测预报成果会被苏州水文分局负责人带到连夜召开的市防指的联合会商现场,发挥支撑调度决策的作用。水文人将数据的精准视若生命,特别是对关键期重点区域的洪水预报,是深度分析讨论研判的重要数据依据,也在统筹协调中成了精准调度和科学施策的重要技术支撑。

当天 20 时,平望水位 4.32 米,河水漫过测亭地面,平望水文站的职工拿起工具就跑向河边,顶着狂风暴雨,及时增设临时水尺,保证高水位的观测校核。

太仓沿江地区,浏河闸水文站工作人员抓住开闸机会,开展入江流量应急监测,取得珍贵的水文测验资料。平日里话语不多的太仓监测中心(简称中心)副主任任晓东同志沉着冷静地处理着应急监测数据。7 月 24 日他收到防御抗击台风"烟花"应急响应Ⅳ级的通知后,立即放弃休假,赶往太仓监测中心。作为党员,也作为中心主任,他立刻动员中心全体职工,对中心所属浏河闸、七浦闸、杨林闸三个水文站的设备进行现场检查,并部署三个水文站及沿江小闸应急监测工作。

他总是说:"我其实没做什么。"一句"没做什么"的背后是有条不紊地加密监测调度,是及时准确地处理水文数据,是默默无闻的日夜坚守,是一名水文人的朴实谦虚,是一名共产党员的使命担当。

凌晨,风大雨急,吴淞水位站的遥测水位计发生数据异常。水文数据是防汛决策的重要依据,关键时刻不得有半点误差。收到消息,平望水文站职工王一清没有片刻犹疑,在黑夜中冒着狂风暴雨火速赶往30公里外的吴淞水位站检查调试,保证遥测数据的准确性。"不管狂风暴雨还是雷电交加,遥测数据绝不能出问题!"王一清说。

这一天,苏州水文人枕戈待旦,冲在防汛抗台风第一线。

力保安澜

7月27日,农历六月十八,台风和天文大潮引起的风暴潮继续在苏南"组团"发威。太浦河严重汛情引起社会关注。

在天文大潮与台风风暴潮交织影响情况下,黄浦江潮位高涨,太浦河行洪受阻,水位快速上涨,危及沿线百姓。27日8时30分,江苏省水利厅发布太浦河江苏段洪水红色预警。这是江苏今年首个洪水红色预警。洪水来临,水文人便开始一刻不停地抢测雨水情数据,密切观测水位变化,细致汇总、及时发布水情信息,水位的涨落牵动着每一位水文人的神经。

如此严峻的形势下,苏州水文分局勇担职责,迅即启动超标洪水测报预案,全局上下一心,只为打好抗台防汛攻坚战。每2个小时,监测一次平望站流量;在太浦河沿线口门增加应急监测;与太湖局水文局、江苏省水文局、苏州市气象局联动,对形势严峻的重要站点平望、陈墓、枫桥和太湖及时增加预测预报……

"7月28日8时,平望水位峰值将达4.45米。"这短短一条预报数据,背后浸透了苏州水文人的汗水,也为防汛决策提供了重要遵循,为平望镇北麻漾堤坝抢险加固赢得了先机,保障了周边群众的生命财产安全。"对党忠诚,不负人民",在渺小又平凡的岗位上,苏州水文人也能心系人民、情系人民,关键时刻也应守护人民、造福人民,永远把人民对美好生活的向往作为奋斗目标,一刻不懈怠地完成一件又一件小事,聚沙成塔,集腋成裘,只有这样,才能凝聚起实现中华民族伟大复兴宏伟目标的巨大力量。

风雨虽歇 奋战不止

28日,随着台风"烟花"的离开,苏州风雨渐弱,但防汛形势依然严峻。受上游降水影响,苏州地区河湖水位仍普遍上涨,8时55分,太浦河平望站水位达4.45米,与预报结果完全一致,再度刷新纪录。淀泖区陈墓、昆山、周巷、金家坝站陆续超历史极值,大运河、望虞河沿线水位陆续超警、超保。

29日,台风"烟花"中心完全离开江苏境内。天气晴好,大潮退去,太浦河水位持续下降,9时,平望站水位降至4.27米,并将继续下降。多河段水位下降,太湖水29日中午开始北排入江。吴江区太浦河沿线因洪水转移的村民开始有序回到家中,生活回归正常。

风雨虽歇,但在苏州水文人心中每一次台风都是一次大战,每一段汛期都是一场大考,水位尚未全部回落,苏州水文人仍奋斗在监测一线,忙碌地准备应对其他随时可能下达的紧急防汛任务。

在建党精神的引领下,在苏州水文"总支引领、支部带领、党员率先、人人争先"的推动下,苏州水文人心中有信仰,脚下有力量,在这场抗击台风"烟花"的战役中,冲在第一线、守在第一线、干在第一线,用一个个抢测得来的水文数据、一份份及时的水文情报预报,为防汛防台风决策调度提供坚实的技术支撑。

我们党之所以历经百年而风华正茂、饱经磨难而生生不息,就是凭着这么一股革命加拼命的强大精神,水文人把脉江河,冲锋一线,始终坚守岗位,誓要当好"耳目"、"尖兵"和"决策参谋",守护百姓安居乐业。

（撰稿人：张逸静、蒋筱涵、俞茜、蔡晓钰）

防汛一线上的使命担当

——聚焦潜东分局舒家榨险情处置现场记事

湖北省汉江河道管理局潜江东荆河管理分局

你见过深夜的东荆大堤吗?

堤身墨绿,蜿蜒深邃,令人敬畏。

月光下,"洪水猛兽"被映照出狡黠的光,潜伏在大堤的一侧。而转头看大堤另一侧的树林,却是灯火通明,人声嘈杂。

"咚咚""咚咚",胶鞋负重踏入泥泞,几个大汉扛着黄沙、石子火急火燎地往一处赶,满身泥水。林子深处聚满了人,有的拿着铁锹翻沙,有的举着手电照明,有的徒手搬动着土袋,所有这一切都围绕着一处导滤围井展开——这里正是湖北省汉江河道管理局潜江东荆河管理分局(简称潜东分局)田关管理段舒家榨管涌险情抢护现场。

超前部署 防汛准备落实到位

8月27日9时17分,潜东分局全体干部职工接收到一条紧急通知:"为应对严峻的防汛形势,按照上级要求,各部门全体人员取消休假,正常上班,全员在岗在位"。

8月28日凌晨0时15分,潜东分局4楼防汛会商室里,分局中层以上干部正在参加防汛紧急会议,防汛办公室、工程管理科、财务科等部门连夜分解认领各项防汛工作。

8月28日10时20分,潜东分局在防汛紧急会商会中决定,启动全员岗位责任制,各职能组立即上岗到位。

8月29日5时30分,高湖管理段大门被推开,管理段段长王兵带领职工巡堤查险归来。这一夜,该段全体干部职工一直在轮班开展段面巡查,彻夜未歇。

……

进入防汛关键期以来,潜东分局按照湖北省水利厅、湖北省汉江局防汛抗洪工作相关要求,成立了防汛工作领导小组,设立了防汛调度组、水情险情组、物资器材组、技术指导组、信息通信组、后勤保障组、纪检巡视组等工作小组,提早对全体干部职工进行了防汛工作分工,细化了工作内容,形成了"上下齐发力、全局一盘棋"的临战局面。

险情抢护 科学部署有序行动

8月29日14时30分,"嘟""嘟嘟"……潜东分局党总支书记、局长、市东荆河防汛指挥部副指挥长李强的电话急促地响个不停。

"李局长,我们刚刚在巡堤时,在舒家榨险段距堤脚45米堤内农田发现一处疑似管涌险情,管涌孔径约1.5厘米,出水带少量青沙。"

接到田关管理段险情报告,李强顾不上吃口热饭便匆匆组织防汛专班赶往舒家榨管涌险情现场。他深知该堤段本就是管涌险情多发地,堤基为透水砂层,一旦出现管涌,并挟带出砂砾,可能会导致堤身骤然下挫,酿成决堤的严重后果。

在赶赴现场的途中,他一边了解险情具体情况,一边将险情上报湖北省汉江局,并要求田关管理段立即配合市防汛分部,通知防守单位积极组织人力紧急运送来防汛物料,现场搭建驻守阵地,调集劳力参与险情处理。

到现场后,李强同防汛专班一同研究除险方案,组织人员除杂草、开明沟。他们在冒水孔周围用泥袋垒成内径 1.5 米的围井,孔内填反滤料,从下往上依次为黄砂 0.3 米、瓜米石 0.2 米、寸口石 0.2 米,并在顶部设置一根出水管,定时测量出水流速。直到看见出水管管口缓缓流出清水,在场所有防汛抢险人员这才长舒了一口气。

经过历时 4 个多小时的处置,管涌险情得到了有效控制,李强叮嘱田关管理段负责人说道:"你们发现得很及时啊,刚才进行了应急处置,虽已稳定,但你们一定要继续密切关注险情变化,并安排专人 24 小时防守,监测水量、水温及水的颜色。"

24 小时值守　实时监测险情变化

舒家榨管涌险情出现后,东荆大堤的夜晚不再宁静。在桩号荆右 17+480,这里的深夜亮起了一盏灯。林间草丛蚊虫多,夏季的热潮未散,值守人员却要穿着劳作服、踏着胶靴四处奔走。他们要定时监测并记录险情变化,及时报送信息,累了就在简陋的帐篷里席地而坐,拿起蒲扇驱赶蚊虫。

　　紧张灼热的氛围中有个人影显得格外冷静沉着,他正蹲在加固好的围井旁,仔细地检查围井底座是否漏水,观察顶部排水管水流流量变化,出水是否浑浊等,他叫徐述华,是潜东分局田关管理段段长,也是防汛抗洪的行家里手。当晚8时,徐段长查险结束刚回到段里准备吃晚饭,就接到舒家榨值守人员电话:"围井底座漏水了,顶部排水管的出水很少!"徐段长立即放下饭盒,衬衫的汗渍还没被电风扇吹干,就赶紧驾车驶上了大堤。天已黑尽,他开得很快,每日巡堤,堤顶道路就是他最熟悉的线路。到达险情地点后,徐述华指导监督现场防汛人员利用塑料防水布和泥袋重新垒成围井,解决了底基漏水问题。一阵井然有序的忙碌后,顶部的出水管才又缓缓流出了清水。

　　舒家榨管涌险情已基本得到控制,防汛人员又经过长时间的驻守。

　　汛情就是命令,险情就是战场。防汛历来是湖北天大的事,天大的事要有天大的责任感来落实。在舒家榨险情抢护中,潜东分局领导班子身先士卒,党员干部冲锋在前,夜以继日,奋力抢险,确保了大堤坚若磐石。

（撰稿人:舒驰文、舒贞）

坚守在沿海防汛防台第一线

——盐城水文分局抗击台风"烟花"纪实

江苏省水文水资源勘测局盐城分局

2021年夏天,盐城地区遭受到6号台风"烟花"的侵袭,盐城水文人恪尽职守,圆满完成了防汛防台各项任务。

7月25日中午12时30分前后,台风"烟花"在浙江舟山普陀区登陆,江苏省水文水资源勘测局盐城分局(简称盐城水文分局)在台风来临前抢抓时间,早部署、早动员、早准备,在全局范围内进一步巩固防台防洪和防疫相关事宜的准备工作。当天下午,分局局长董家根就赶赴西潮河闸、新洋港闸、黄沙港闸水文站检查防范台风准备情况。在新洋港闸水文站,董局长查看了缆道悬吊铅鱼,详细询问台风期间循环索等测验设备可靠性情况,叮嘱测站人员加强防范措施,确保测验安全。在黄沙港闸,董家根还实地查看了上游自记台,详细了解测验项目、流量测验报汛情况。此行,董家根还关切询问了相关测站人员的工作、生活情况,要求相关部门做好一线测报人员的服务保障工作。

受台风"烟花"影响,盐城地区随后出现连续降水过程,河道水位快速上涨,沿海"五大港"闸全力开闸排水。时值农历天文大潮,加之台风增水影响,沿海闸下潮位普遍较高,射阳河闸、黄沙港闸闸下潮位均超历史最高潮位,受闸下潮水顶托,沿海涵闸排水能力下降。

各沿海水文站的工作人员全员在岗,一边密切关注水情动态,加强潮位校核,一边检查设备运行情况,积极应对超历史水情。在射阳河闸,闸下潮位已超历史 21 厘米,当时的潮水已经漫上潮位自记台栈桥,远远地看上去,潮位自记台已经和潮水"融为一体",测站工作人员没有丝毫犹豫就逆水而行,穿好救生衣向着潮位自记台奔去。积水的栈桥并不好走,40 米长的距离,要比平时多耗费许多气力,在仔细检查完设备,确保其运行良好后,工作人员这才放心离开。

各监测中心负责人也充分履职尽责,赶赴各自辖区的沿海闸站,检查各站设施设备运行情况、协助测站工作人员测流。东台(泰)站的水位已经超警,工作人员通过比对水尺、校核水位,发现测井水位显示滞后,东台中心支委立即带领支部党员同志火速赶往东台(泰)站,冒着风雨在野外进行应急处置,在最短时间内恢复了水位记录,从而确保水位数据记录准确可靠。

局机关的水情值班室那几天彻夜灯火通明,工作人员精心预报作业,忙碌分析研判,不分昼夜坚守在岗位。分局领导班子坚持 24 小时在岗带班,水情科负责人带头值班,密切关注水雨情变化、沿海"五大港"调度及上游来水,从雨情、水情、工情、排水等方面展开缜密分析,及时与市防汛部门展开会商,将一份份分析材料、一个个水情数据、一条条报汛短信传送至各级防汛部门,为地方防汛工作提供强有力的技术支撑。

面对"烟花",盐城分局从测站至中心再到局机关,都坚守在沿海防汛防台第一线,在抗击台风的战斗中,盐城水文的大批党员干部冲锋在前,及时出现在最需要他们的地方,为打赢这场防汛防台攻坚战贡献了坚强力量。

"嘟""嘟"……报告设备出现故障的电话响起,滨海水位站水位自动遥测设备出现故障。故障报告就是命令,防汛抢修乃是职责,水情科的党员业务骨干立即组成应急抢修队驱车赶赴现场。到达之后,应急抢修队查看了水位遥测设备,分析故障原因。经过仔细研判分析,抢修队决定先架设临时水位站,尽快恢复台风期间水位数据遥测,他们选取相对平稳的位置安放传感器,通过多次水位对比观测来校准水位,在最短时间内恢复了水位数据的自动传输。

以各监测中心为单位组成的党支部在此次抗击台风的过程中,充分发挥了党支部战斗堡垒的作用。他们与测站人员并肩战斗,阜宁监测中心党支部支委迎着超历史最高潮位21厘米的潮位去辖区内黄沙港闸下潮位自记台检查设备运行情况,大丰监测中心支委冒着风雨在野外进行应急处置,在最短时间内恢复东台(泰)站水位设施,从而确保水位数据记录准确可靠。

这样的故事,这样的党员干部,在盐城水文抗击台风"烟花"工作中涌现了很多。他们众志成城,无畏风雨,展现了盐城水文党员同志的使命与担当。

6号台风"烟花"过境之后,其带来的影响并未立刻结束,盐城市各区县多条河道高水位行洪,已经连续奋战了几天几夜的盐城水文人仍在一线,坚守岗位,履职尽责,抢测洪峰流量。

盐城地区的河道断面大多较宽,采用缆道式测流一个测次往往需要 1 个小时左右的时间,倘若遇上闸门发生变动,就需要多次测量,因此在台风期间,测站工作人员的整个白天都是在缆道房里度过的。29 日晚,夜幕降临,黄沙港闸水文站仍然灯火通明,夜间测流视线差,强降雨也让河道从上游带来了一定的漂浮物,工作人员小心翼翼,打着探照灯将测流设备缓缓放入河中开展夜间测流。此次测流,监测中心支委黄宏家也赶来"参战",他同测站工作人员并肩战斗,诠释了共产党员的先锋模范作用。各监测中心都面临站点多、人员少、任务重的困难,但是在党支部的带领下,在党员先锋的引领下,大家风里来、雨里去,始终坚守在岗位上。

此次应急监测,盐城水文人还展示了"十八般武艺",不仅有固定站点的缆道测流、单兵测流、走航式 ADCP 测流,ADCP 遥控船测流也悉数登场。在对通榆河沿线应急监测的过程中,盐城水文人拿应急监测比测当试金石,力求提供坚实水文保障。

越是恶劣的天气,就越需要水文工作者坚守在岗位上,在迎战台风"烟花"的战斗中,盐城水文人用实际行动践行着自己的初心使命,确保了应急监测拉得出、打得响、战得赢,为地区安全度汛持续贡献水文力量。

(撰稿人:宋金鑫)

丹江口水库 170 米蓄水背后的水文故事

长江水利委员会水文局

2021 年 10 月 10 日 14 时,丹江口水库水位蓄至 170 米正常蓄水位,这是大坝自 2013 年加高后第一次蓄满,标志着今年汉江秋汛防御和汛后蓄水取得了"双胜利",为南水北调中线工程和汉江中下游供水打下了坚实的基础,也为丹江口水利枢纽工程整体竣工验收创造了有利条件。

"丹江口水库好比是一个盆,我们水文人的职责就是弄清盆里来了多少水、装有多少水,盛水的盆有多大,盆有没有变化,在保障防洪安全的前提下如何把一盆水蓄满,水的质量如何。"长江水利委员会水文局(简称长江委水文局)局长程海云用通俗的语言解释道。多年来,长江水文人默默坚守汉江河畔,用汗水和智慧演绎着成功实现 170 米蓄水背后的水文故事。

盆里来多少水?

汉江是长江中游最大支流,发源于秦岭南麓,流域面积 15.9 万平方千米,多年平均地表水资源量为 544 亿立方米。丹江口水库的水源来自汉江上游干支流,集水面积 9.5 万平方千米,多年平均入库水资源量为374亿立方米,是南水北调中线工程水源地。汉江不仅承担本流域沿岸城乡生活、生产、生态用水安全保障任务,还是南水北调中线、引汉济渭、鄂北地区水资源配置工程水源地,成为"国家战略水资源保障区",肩负"一库清水北送、一江清水东流"的历史重任。

因此,分析研究汉江流域水文水资源问题,不仅是弄清丹江口水库"盆里来多少水"的问题,也是历年来汉江流域工程规划设计、防洪调度决策、中线调水论证等关键技术问题之一。

白河水文站、黄家港水文站作为丹江口水库的入库、出库控制站,就像守卫丹江口水库的哨兵,时刻关注进出库水量。

为了科学回答好这个问题,半个多世纪以来,长江水利委员会水文局在汉江干流及其支流已设立了58个水文(位)站和蒸发站,收集了1929年以来长系列水位、流量、泥沙等水文资料。为了更好地服务水利和经济社会发展,长江水文人不断提升水文监测技术水平,实现了超声波时差法、水平式声学多普勒流速剖面仪、粒子图像测速、雷达测速等在线监测技术在汉江流域投产应用,丰富和完善了汉江水文水资源立体感知监测体系。

同时,长江水利委员会水文局深入开展了汉江流域径流泥沙及暴雨洪水特征、水资源演变规律、水资源优化配置及南水北调中线工程可调水量、水源区和受水区南北丰枯遭遇等专题研究,特别是在南北丰枯遭遇、汉江流域水资源可利用量、水资源承载能力、防洪风险分析、气候变化对水资源影响等方面取得了开拓性研究成果。其中,《南水北调中线工程水源区汉江水文水资源分析关键技术研究与应用》获2010年湖北省科技进步一等奖。这些研究成果不仅在丹江口水库和大坝加高工程、南水北调中线工程和引汉济渭等工程的论证、规划和设计方面得到了广泛应用,而且对推动水文水资源研究技术进步具有重要的理论与实践意义。

光荣在于平淡,艰巨在于漫长。多年来,长江水文人对汉江流域开展水文水资源观测、分析与研究,不仅为算好"一盆水"水账,也为汉江治理与保护和支撑汉江流域经济社会可持续发展提供了科学依据。

盛水盆有多大? 盆有没有变化?

自丹江口水库建成以来,长江水利委员会水文局在丹江口水库上下游开展了丹江口水库库容和河道地形测量、库区异重流观测、变动回水区冲淤等大量勘测和基础科研工作,时刻掌握"水盆"的变化,为丹江口水库到底有"多大"作出了科学回答。

水文汉江局局长林云发回忆说:"1993 年至 1995 年南水北调中线工程论证阶段和 2008 年丹江口大坝加高运行阶段,汉江局开展了从中线渠首陶岔至北京沿线交叉河流水文勘测和丹江口库区库容复核。"在论证阶段,近百名水文职工参加水文勘测工作,对中线工程沿线交叉河流和库区库容曲线进行测定与分析。1993 年 3 月至 1994 年 2 月,历时一年完成南水北调(中线)总干渠交叉河流断面测量和水文测验;2008 年,施测大坝 170 米正常蓄水位水库库区水道地形面积 1 250 余平方公里,施测 290 多个断面,总长度达 452 公里。

　　勘测工作常常要穿越悬崖峭壁、波涛汹涌的江河、污水沼泽地、布满荆棘的树林,常常风餐露宿,忍饥挨饿,测量人员除了要有坚强的毅力、耐力,还要有不惧危险强大的心理素质,保障自身和仪器设备安全。有的同志身陷齐胸深的淤泥中被同事救出才脱险,有的同志在测量途中迷路,在漫无边际的芦苇丛中度过了夜晚……但他们没有退缩,没有犹豫,没有一句抱怨,一次又一次义无反顾地投身于测量任务。

　　2020 年 8 月,汉江局再次抽调精兵强将 40 余人,开展丹江口水库库区地形测量和库容复核工作,走遍库区每一个沟汊,运用航空摄影测量、三维水深、多波束测量等先进技术,施测全库区水道地形,将烟波浩渺的库区转化为一张张数字地形图,为丹江口水库精准预报调度提供了基础地理信息。

　　近 20 年来,长江水文为丹江口水库和南水北调中线工程开展工程测量和基础分析投入了大量的人力、物力和财力,获得中国测绘学会优秀测绘工程奖银奖 2 次、长江委科学技术奖二等奖等荣誉。长江水文人把治水报国作为初心和使命,将自己的青春奉献给了丹江口水库和南水北调工程,传承光荣使命,在丹江口水库和南水北调中线工程建设的宏伟蓝图上添加了浓墨重彩的一笔。

盆如何蓄满？

　　水雨情监测分析与预报是为防汛决策提供准确及时的水文信息,是确保安全蓄满"一盆水"的前提。长江水文人一直风雨无阻,超前谋划,充分发挥水文防汛的"耳目"和"尖兵"、

"参谋"和"助手"作用。

今年 8 月下旬以来,汉江发生超过 20 年一遇的秋季大洪水。据统计,秋汛以来,汉江上游降水量 520 毫米,较常年偏多 1.5 倍,为 1960 年以来历史同期第 1 位。丹江口水库发生 7 次超过 10 000 立方米每秒的入库洪水过程,其中,3 次洪水洪峰超过 20 000 立方米每秒,9 月 29 日最大洪峰达 24 900 立方米每秒(为 2011 年以来最大);丹江口水库秋汛累计来水量约 340 亿立方米,较常年同期偏多约 4 倍,为 1969 年建库以来历史同期第 1 位。汉江中游支流白河发生特大洪水,鸭河口水库入库洪峰超历史。

汛情就是命令,防汛就是责任。汉江干流及各支流水位持续上涨,长江水利委员会水文局汉江沿线测站均启动了驻测模式,24 小时关注水情,全力施测洪水。他们以站为家,与洪水"赛跑",饿了就泡一碗方便面,累了就打个盹儿,还没来得及喘息,下一轮洪水接踵而至,为了及时测到一手水文数据,长江水利委员会水文局一线测报人员携手出击,以满腔热血筑起一道坚固的水文防线。

在做好防汛测报工作的基础上,针对南水北调中线工程运行后丹江口库区沿程水文情势变化、库区高水位时变动回水区现状,水文汉江局和中游局抢抓 2021 年秋汛高水时机,开展了丹江口库区专项水文原型观测、汉江中下游水面线观测和水动力要素观测,为护好"一盆水"和汉江中下游行洪安全打牢了基础。

准确的预报是科学决策、精细调度的前提。

丹江口水库暴雨洪水来得快,而中下游因河道越往下游越窄,泄流能力非常有限且动态变化。特别是今年,水利部、长江委提出汉江秋汛防御和丹江口水库蓄水至 170 米正常蓄水位的双保目标,其预报调度不仅涉及大坝安全、中下游防洪安全,还关乎蓄水进程、库区安全等需求,如何实现多目标综合调度,让"鱼"和"熊掌"兼得,这对预报工作又提出了更高的要求。

预报中心紧扣"四预"要求,利用数字孪生、人工智能等新技术,构建了耦合丹江口水库入库概率预报、补偿调度、汉江中下游水工程群水力学模型等联动计算工具,升级发布了长江防洪预报调度系统,实现了不同模拟情景下的实时联调计算及丹江口库区水面线动态展示,在今年保障汉江流域秋汛防洪安全与完成丹江口水库 170 米蓄水任务中发挥了重要的技术支撑作用。

"163 米、163.7 米、165.2 米、165.9 米、166.6 米、167.5 米、169 米",7 次洪水过程,每一次攀升,都是步步惊心! 检验着他们"精益求精"的技术,磨砺着他们"连续作战"的斗志……在汉江 7 次洪水过程中,提前 10—12 天预测出降雨过程,提前 5—10 天基本把握降雨落区、过程雨量,并预测出明显涨水过程,提前 1—3 天准确预测丹江口入库洪峰量级及洪水过程,提前 2—5 天预报汉江中下游将超警戒水位。24—48 小时,丹江口入库洪峰预报误差在 10% 左右,中下游主要站洪峰水位误差在 0.2 米以内。从准确预报降雨和来水总量,到精确勾勒逐小时洪水过程线,这样不仅把洪水每小时的演变过程计算得明明白白,还能把"水盆如何蓄满"计算得清清楚楚,印证了水文科学预测预报的前瞻性。

　　高精度、长预见期的洪水预报,为科学调度决策提供了技术支撑。以丹江口水库为核心的汉江流域水库群通过精细调度,充分发挥拦洪、削峰、错峰作用,其中,丹江口水库累计拦蓄洪量近 100 亿立方米,削峰率达到 23%—71%。精准控制皇庄站流量不超过 12 000 立方米每秒,极大减轻了汉江中下游防洪压力。若没有水库群运用,汉江中下游将全线超保证水位。

　　"目前已关闭所有泄洪孔,预计 10 月 10 日凌晨 5 时库水位将蓄至 169.90 米。"

　　"9 时,水库蓄至 169.95 米。"

　　"14 时,水库蓄至 170.00 米!"

　　历史性的时刻,长江水文人紧张而又兴奋地守候在水情中心。通过水库群的拦蓄,避免了汉江中下游全线超保及杜家台蓄滞洪区、洲滩民垸的分洪运用,缩短超警天数 8—14 天,防洪效益十分显著。及时的水情预报、准确的水情信息为安全蓄满"一盆水"奠定了坚实的基础。

盆里的水质如何?

　　问渠那得清如许,为有源头活水来。

　　为确保"源头活水"质量,早在丹江口大坝开工之前的 1957 年,汉江水环境监测工作就应运而生,为汉江水环境保护及南水北调中线工程水源地收集基本水质资料。

　　截至 2021 年,长江水利委员会水文局已在丹江口水库及各个支流布设有 38 个国家重点水质监测断面,监测参数最多达 40 余项,2020 年累计收集监测数据 2 万余条;布设有 3 个水生态监测断面,监测参数包括浮游植物、浮游动物、底栖动物等;在库区及重要支流省界断面处建有 6 个水质自动监测站,监测参数合计 70 余项,形成了覆盖全面、功能完善的水资源水环境水生态综合监测站网,能够及时、全面掌握和了解丹江口库区及其上游水量、水质状况,分析水质变化趋势。此外,还承担着所辖区域内突发性水质水生态异常事件应急调查、高洪期间应急监测等任务,以回答社会对水源地水质状况的关注。

所属汉江水环境监测中心长期以来一直承担着汉江干支流及丹江口水库库区的水环境监测研究等工作,锻炼出了一支作风可靠、技术过硬的监测队伍,积累了较为完整的长系列监测资料,是南水北调中线水源地丹江口水库最主要的水质监测机构。

陶岔渠首是南水北调中线工程的调水点,位于河南省南阳市淅川县,南水北调中线干渠从此地一路北上。清澈的丹江口水库水流经陶岔渠首,绵延千里。自 2021 年 1 月开始,汉江局承担陶岔渠首每日水质监测任务,采样人员前往陶岔渠首采集两个时段水样,送回实验室进行检测,在当天 18 时前报送检测报告。

秋汛期间,水库水位持续上涨,为及时掌握丹江口水库汛期及蓄水期间水质状况,汉江局在完成水质监测站网常规监测的基础上,开展库区水质加密监测工作。在库区重要支流上布设 17 个断面,完成了库区 168 米、169 米、170 米水位水质采样和分析工作,报送监测数据 1 368 个,为保障"一盆水"

质量把脉站岗,筑起水源地的护水屏障。

丹江口一泓浩瀚碧水,三千里汉江奔流不息,见证了丹江口水库蓄水 170 米的历史性时刻,见证着水文人护佑"一库清水永续北送"的不凡事业,为推进南水北调后续工程高质量发展奉献力量!

（撰稿人:熊莹、刘月、尹世峰、许银山）

看他们乘风破浪、披荆斩棘

长江水利委员会水文局

9 月初秋,天黑得更早了,晚上 7 时汉江两畔的高山已和漆黑的夜空融为一体,天空中飘着淅淅沥沥的阴雨,江里奔腾肆虐的洪水不停拍打冲击着两边的堤防,咆哮声不绝于耳。地处秦巴山脉深处陕西省白河县内的长江水利委员会(简称长江委)水文汉江局十堰分局白河水文站,此刻灯火通明。

始建于 1934 年的白河水文站,不仅是汉江上最早设立的水文观测站之一,也是丹江口水库重要的入库控制站,对于汉江流域防汛至关重要。随着测验方式方法的不断改善,白河站日常测验基本采用巡测管理模式。8 月 21 日以来,汉江上游持续降雨,秋汛来势汹汹,防汛形势日趋严峻。为做好洪水期间防汛测报各项工作,十堰分局迅速行动,及时将白河站调整为驻测管理模式,一个突击小组随即组建,开启了与这次秋汛的"斗智斗勇"。

"准备工作充分,心里才踏实"

8 月 30 日 0 时,丹江口水库入库流量涨至 23 400 立方米每秒,是 2012 年以来丹江口水库最大入库流量。白河站高洪测报工作正紧张有序地进行着。"虽然这次秋汛持续时间长、洪水强度大,但我们对做好高洪测报工作还是很有信心的,充足的备品备件、良好的设施设备状态、完善的高洪测验方案……这些扎实的汛前准备工作可以说为此次迎战洪水打下了很好的基础。"十堰分局副局长徐利永作为此次驻站小组中的一员向我们介绍。因为身体原因,8月初,徐利永在武汉接受了手术治疗。眼见汛情如此紧张,徐利永顾不上还没有完全恢复的身体,主动请缨上阵,有了他的加入,也给驻站小组吃了一颗"定心丸"。

小组里还有一位成员,堪称"设备达人",他就是十堰分局副局长魏伟。白天他要在十堰分局下属测站之间来回巡查,随时检查仪器设备运行是否正常,有时连午饭也顾不上吃,就是为了保证洪水来临时能够测得到、测得准、报得出、报得及时。"新仪器新设备在今年汛期发挥了很大作用,上津、茅坝关都收集到了建站以来的最大洪水资料,我们水文现代化、信息化成效越来越显著。"说起最爱的仪器设备,魏伟很是感慨。

"只有各方面准备工作做充分了,心里才能踏实。"这是大家追"峰"逐浪的底气。

"就是要和洪水比速度"

俗话说物以稀为贵,现在驻站人员一共7人,可站房里却只有四间卧室,照理说,房间应该十分抢手。可这一次,房间的使用率却十分低。一方面,为了保证测船的安全,两位船员即使在晚上也是守在船上,浊浪滔滔,船舶很难保持平稳,"不仅如此,晚上每隔一段时间,我们要检查一下缆绳是否正常,检查周围江面有没有漂浮物,想要好好睡觉基本是奢望。"水文058测船船长杨勇说。另一方面,山区性河流水位陡涨陡落,对流量施测时机要求很高,8月21日到现在,白河站已施测流量40余次。"过来以后几乎每天都会夜测,强度最大的一晚从凌晨到天亮测了4次,我们四五个人轮班倒,困了就在办公室打个小盹儿,累确实是挺累的,但作为党员,特别是一名年轻的党员,这种关键时候就是要站出来、顶上去。"十堰分局巡测组中唯一的女组长,也是此次驻站中唯一的女生兰蓓蓓说道。

9月5日凌晨2时,白河站水位达到185.48米。又一轮夜测开始了。打开探照灯,瞭望员全神贯注地观察着江面情况。缆道操作员张显立启动水文缆道控制系统,检查流速仪信号是否正常,500公斤重的铅鱼被吊起来沿着缆道缓慢前进。"快到水面了,安全。"得到确认后,张显立操作控制台将铅鱼放入水中,并通过长江"智慧水文监测信息系统"(WISH/愿景系统)注视着水面的变化。第一条垂线、第二条垂线……兰蓓蓓在一旁认真地记录。历时近1个小时,测流顺利结束,大家收拾整理好资料离开缆道操作房来到办公室,立马对数据合理性进行分析检查,并上报测量结果。

"我们休息,洪水可不会休息,要收集到完整的水文数据,就是要和洪水比速度。"这是大家不必言说的共识。

"退休不退岗,我要回来陪大伙儿一块儿战斗"

今年上半年,水文058测船轮机长赵学武退休了,大家总是习惯亲昵地称呼他"老赵"。原本应该在家好好享受退休生活的老赵,在听闻白河站将出现超过10 000立方米每秒的洪峰后,立即收拾好行李,赶到站上帮忙。作为一名长期扎根一线的老轮机长,赵学武有着丰富的行船经验,轮机设备有没有故障、船舶停靠位置的选择……老赵绝对算得上行家。有他在机舱照看好测船"心脏",也就更好地为行船安全加了码。"虽然我退休了,但是水文工作有需要,我可以随时再上岗,高洪期间水文站工作量大,人手很紧张,再说,跑了40年的船,有感情啊,我舍不得我的老本行,也舍不得大家。"

"退休不退岗,余热不减量。"这是我们水文人的情怀。

"小插曲? 不存在,办法总比困难多"

从8月21日开始,驻站小组吃住都在站上。测员李九如的一手好厨艺可是派上了大用场,除了参与日常测验,他主动兼职当起了厨师。不仅如此,车辆驾驶、物资采购、仪器设备维修等各种后勤保障工作中都有他的身影,可以说是驻站小组里的"最强辅助"。进入秋汛以后,雨水"超长待机",空气湿度变大,气温也开始下降,正是蚊虫、飞蛾出没的大好时机,即使长衣长裤包裹也挡不住它们的进攻,胳膊、手、腿、脸,无一幸免。在付出各种各样"疙瘩"的代价后,大家终于发现,风油精才是对这里的蚊虫叮咬最有效的,它也因此晋升为驻站组员人手必备的"神器"。驻站期间,停过水、断过网,而且一停一断就是三四天,大家囤好桶装水优先保证喝水、做饭,用手机热点传输数据,这样类似的小插曲还有很多很多。

　　"长时间连续的驻站测验既考验体力,也考验脑力,生活工作也会不时给我们打个岔,但办法总比困难多,每通一关,心里都有浓浓的满足感。"这是大家保持最佳状态的秘籍。

　　我们经历的只是白河站迎战秋汛的 24 小时,而驻站小组已经在这里超负荷连轴转了 17 个日夜。从他们身上折射出了长江水文人的坚韧、果敢、团结和奉献。绵绵阴雨还在时不时地往下落,秋汛还没结束,他们仍在战斗……

（撰稿人:钟兮、刘月、尹世锋）

做一颗城市防汛的"螺丝钉"

上海市堤防泵闸建设运行中心

上海,因水而生,因水而兴,因水而灵动,在静静流淌中不断发展,形成一条具有浓浓海派特色的文化长河,年复一年,一道道防汛墙、一座座市管泵闸诉说着上海的防汛故事。

总有一些事让我们心潮澎湃,总有一些人让我们肃然起敬。他们是平凡的水利人,传递着积极向上的正能量,散发出璀璨夺目的光芒;他们是最美的水利人,正用自己的实际行动践行"忠诚、干净、担当,科学、求实、创新"的新时代水利精神;他们是苏州河忠诚的守卫者,河口水闸敬业的管理者,为建设上海国际化大都市砥砺前行、不懈奋斗的奉献者,他们就是苏闸所水利人。

上海市堤防泵闸建设运行中心苏州河泵闸(堤防)管理所(简称苏闸所)主要负责苏州河沿线苏州河河口水闸、彭越浦泵闸、木渎港泵闸等8座市属水闸防汛防台、水资源调度、安全生产等管理工作;协同指导检查苏州河沿线6个中心城区堤防设施日常管理工作等。尽管只有8名工作人员,但他们恪尽职守,勇于担当,在平凡的岗位上绽放出属于他们自己的光芒。

尽职尽责好榜样，真抓实干勇担当

　　进入汛期，防汛防台就是泵闸堤防人的头等大事，确保防汛安全的弦时刻紧绷着。作为苏闸所党支部书记、所长的王新旗对防汛工作从不怠慢，早早组织运行养护单位集中学习水资源调度方案、安全生产文件、各水闸技术管理细则等；强化职工防汛意识，落实安全责任到人；把所属泵闸汛前保养要求落到实处，做到防汛安全工作不留死角。同时，苏闸所安全生产检查考核小组对所属水闸进行月度、专项检查，对运行养护维修、安全生产、环境卫生等工作要求再督促、再检查、再落实。对于每一次检查，检查考核小组都秉承着一丝不苟的态度，在配电室打开配电柜查看电路情况，在设备间检查每个设施设备的养护是否到位，走遍闸区每个角落检查环境卫生，仔细翻阅每个月的台账记录是否准确规范，将现场检查发现的问题拍照记录并形成问题清单，并抓好整改落实，将闸区管理得井井有条。

　　入汛后，天气说变就变，刚是艳阳高照，忽而大雨倾盆。在今年"七下八上"的关键防汛期，7月21日，苏闸所接到市防汛指挥部、市堤防建设运行中心工作提示，上海将于23日起受台风"烟花"的外围影响，此次台风块头大、影响范围广、登陆后陆上维持时间长。接到指令，王新旗迅速召集运行养护单位召开防汛防台工作会议，根据市委、市政府工作部署以及市防办《关于切实做好今年第6号台风"烟花"防御工作的通知》，全力以赴加强设施设备巡查，提醒大家打起精神、鼓足干劲,全力迎战台风"猛兽"。

随着第6号台风"烟花"席卷而来,黄浦江潮位不断攀升,所里萦绕着紧张的气氛。无论之前经历过多少次防汛演练,这场棘手之战就是最好的试金石。王新旗对照潮汐表,凭借他多年丰富的防汛工作经验,果断下达指令各闸进行内河水位预降,运行调度模式由引水改为排水,以腾出足够库容迎接即将到来的暴风雨。

7月23日7时,拉响了台风蓝色预警Ⅳ级响应,吹响了全面抗击台风"烟花"的号角,支部就是战斗堡垒,在王新旗的带领下,苏闸所党支部弘扬不怕困难、顽强拼搏的精神,全体党员和入党申请人不分昼夜全部投入应急响应值班值守,用他们的臂膀筑牢防汛之墙。大雨变得越来越疯狂,台风预警信号由蓝色变黄色再到橙色,防汛响应等级不断更新,Ⅳ级到Ⅲ级,再到Ⅱ级,往日人潮涌动的外滩景观平台、车水马龙的外白渡桥都按下了暂停键,唯独防汛工作人员奋战在一线。外滩风景区是重点防汛设施,是抵挡黄浦江潮洪的唯一屏障,苏州河河口水闸发挥着无可替代的重要作用。7月25日至27日,应急部救灾司、市水务局等各级领导高度重视,多次亲临现场检查指导防汛工作,王新旗始终坚守防汛一线,有条不紊地做好了现场指挥工作。

第14号台风"灿都"来袭,王新旗顶风冒雨驱车30多公里前往地处嘉定区的老封浜套闸检查防汛情况。老封浜套闸经安全鉴定为三类闸,在未完成除险加固前始终是他心中的担忧。他协调防汛抢险队伍用沙袋叠堆加高外河防汛墙,防止外河高水位漫溢至闸区;他到中控室、启闭机房、配电室等地方仔细进行安全检查;他在现场部署具体防汛任务,落实防汛安全责任,直到闸上各项工作落到实处才敢离去。在他身上,流露出了泵闸堤防人对工作所持有的朴素的热爱之情,发挥了水利人在防汛防台中展现出来的"领头羊"的作用。

砥砺奋进 30 载,师徒带教传真经

芳华 30 载,初心从未改!苏闸所的技术主心骨、苏州河河口水闸的站长乔天平对水闸上的各项设施设备如数家珍,固然离不开这些年日复一日地摸爬滚打,更折射出他"执着专注、精益求精、一丝不苟、追求卓越"的工匠精神。他经常站在外白渡桥上,凝视着河口水闸的闸门,观看潮起潮落水位的变化。对于每一次的日常检查、每一次的设备排故,他都丝毫不马虎,亲力亲为。自 2018 年 9 月以来,苏州河河口水闸出现闸门底轴中间波纹管及两侧穿墙止水漏水加大、启闭机液压油缸内部渗油等险情,急需修复,凭借他对水闸工程情况、设施设备运行状况的熟稔于心,多次参与设计、施工方案讨论研究,提出优化建议。他全程现场监督穿墙止水漏水改造修复、底轴中间波纹管漏水改造工程、启闭机液压油缸密封圈更换及底轴观测系统更新工程,在施工过程中,发现问题及时提出并解决。在今年汛期来临前,完成了水闸投运 15 年以来最大的一次维修,在台风"烟花"期间经受住了风暴潮"三碰头"的考验。

台风"烟花"来临前夕,一个险情悄然而至。苏州河河口水闸一处过道位于防汛墙板桩后,水位长期交替变化,使得板

下水土流失严重,造成脱空,脱空区域地坪逐渐产生裂缝,导致高水位时部分过道及中控室地坪渗水。"烟花"步步逼近,迫在眉睫,乔天平与抢险人员等迅速制订地坪渗水维修方案,决定采用改性聚酯注浆填充封堵裂缝。他在施工现场时刻紧盯每一个钻孔的深度、注浆填充加固情况,彻夜未眠,直至第二天下午结束注浆并清理完现场,险情排除了,他的那颗心才慢慢放下来了。

7月26日凌晨1时50分,风雨肆虐,潮水汹涌,苏州河河口水闸出现最高水位5.49米,刷新了河口水闸在2013年台风"菲特"影响下的潮位纪录,为河口水闸建闸以来抵御的最高潮位。他义无反顾,迎难而上挑重任。他守着河口水闸,在中控室看着水位一次次刷新着历史纪录,外河水位每上涨5厘米就向上级领导上报水情,丝毫不敢走神。在室外查看水情的时候,他尽管身穿雨衣,大雨还是将他的衣服浇透了。

乔天平,同事们眼中的"老法师",他长年守护在各个市管水闸泵站,潜心研究泵闸的运行管理和维修养护等相关工作,在他身上流露出了水闸人的质朴与坚韧。今年,他荣获水利部"全国水利行业首席技师"称号。

"一枝独秀不是春,百花齐放春满园"。对于自身的技艺,他毫不保留,总是倾囊相传,身边的同志也都乐意请教这个热心的"老法师",他对于每一次故障,都认真分析,并收集整理成案例集供大家学习参考,带出了一批又一批水闸技术骨干。

"黄沙百战穿金甲,不破楼兰终不还"。30年辛苦耕耘,30年春华秋实,没有昔日里的刻苦钻研,便没有在台风"烟花"困境面前的从容不迫。他深爱着这份水闸运行管理工作，"像螺丝钉那样拧紧在岗位上"，这是他作为一名共产党员的庄严承诺，是他对水利事业的无悔追求。

勤学善思行初心，主动担当践使命

师傅领进门，修行靠个人。作为新时代的年轻骨干，要发挥好青年团队主动担当、奋发有为的干劲，要敢于打牢底子、扣好扣子、迈好步子、挑好担子，努力为上海水务海洋事业添砖加瓦。

苏闸所年轻骨干助理工程师姚瑜嘉在日常管理工作中勤学善思，主动向身边的老同志请教问题。在苏州河河口水闸中控室地坪渗水钻孔注浆加固过程中，他翻阅了大量相关资料，参与了前期技术方案的讨论。施工人员进场后，他佩戴安全帽，拿着图纸逐一校验渗水部位，做好标记。在施工过程中，他不厌其烦地翻看着泛黄的工程图纸，一边跟着施工人员学习施工工艺，一边向现场专家提出相关工程问题，总是生怕错过了施工现场重要过程。

7月23日下午，他赶在台风"烟花"来临前做好了抵御台风的准备工作，与当班职工仔细检查并紧固河口水闸启闭机房及中控室等空厢舷窗，防止高潮位时江水倒灌；他身着救生衣，顶着狂风，迈着矫健的步伐，前往码头检查巡逻船门窗是否关闭，锚固是否牢靠。

应急响应的指令一响起，作为入党申请人的他不假思索，主动请战参加防汛防台应急值班，精准统计并反复核对各个泵闸内外河水位、开关闸时间等数据,及时做好信息报送。台风"烟花"过后,针对此次台风防御过程中暴露出来的设施设备故障及树木倒伏等情况,他认真地做好各项受灾统计及防御台风"烟花"的总结工作。

此时,年轻水利人郭殷奇也正奋战在堤防防汛一线。他逆风迎雨而行,面对险情勇往直前,守护着魔都"结界"！随着一江一河贯通后景观上的提升,管理难度也不断增加,当苏州河到达高水位时,正参加值班值守的郭殷奇现场巡查亲水平台、通道闸门等,及时记录、上报防汛墙渗漏情况。在微信群里提示巡查人员水位情况、水闸运行状态和需要重点关注的薄弱岸段,做到堤闸联动。深夜里,微信消息的提示音一次次响起,一条条的巡查信息、一张张的巡查照片完成了上传,堤防人都提起万分精神枕戈待旦。当天渐渐亮起,堤防人知晓,最危险的时刻挺过去了,上海堤防安全了。

正是因为他们默默坚守的奉献精神,正是因为他们不怕吃苦、勇于向前的战斗精神,才让经过台风"烟花"洗礼后的天空更加清澈辽阔。

闻"汛"而动防汛人,严防死守保申城

雨情就是集结号、汛情就是命令,有这样一群水闸一线运行养护人员闻"汛"而动,不分昼夜、全员参战,主动担当作为,冲锋在防汛一线,全力保障人民群众生命财产安全。

在台风"烟花"影响下,木渎港泵闸外河水位居高不下,泵排、闸排有序调度运行,水泵连续运行时间长达31.33小

时,刷新了泵闸建成以来最长连续运行纪录。

谁也不是超级英雄战士,在抵御自然风暴潮的袭击和保护广大人民群众生命财产安全的最前线,一些可爱的人儿,又化身成为"超级英雄",战斗风雨,逆行而上!当大家提及彭越浦泵闸闸长徐锐时,最美的赞誉便是"把闸当成自个家",看似平淡无奇的几个字,流露出来的是他对这份事业的挚爱。台风来临前,他仔细检查彭越浦泵闸的排水畅通情况,上至屋顶天沟,下至排水地沟、渗漏泵;同时,考虑到台风期间人员安全性问题,他协调拆除泵闸周边临时施工围挡,防止被大风吹落。在工作中,他总是能第一时间发现并及时解决问题。大风将高压间门吹坏了,为了防止雨水通过门缝倒灌影响设施设备的正常运行,他抄起家伙独自在屋檐下更换门铰链,任凭风雨吹打在额头上,衣服全被淋湿……

越是危难时刻,越彰显水利工作者的责任担当。望着窗外的雨势愈发增大,木渎港泵闸高压间百叶窗附近墙面、地下室发生渗水,闸区里的树木和残枝经不起狂风摧残而倒伏,水上漂浮物及垃圾堵塞在泵站进水口,影响安全运行。工程管理员陆仲云二话不说,带着大家下至内河侧进行清捞,此时的水位并不乐观,他费尽周折才将残枝清理上岸,确保了泵组的安全运行。正在休陪护假的运行人员刘毅巍接到项目部的紧急通知,为充实值班人手提前回到工作岗位,舍小家为大家,不惧风雨,夜以继日地奋战在防汛防台第一线。

十分精力抓管理,万分精力护安全。历经128个小时的台风"烟花"影响,苏闸所继续做好河道排涝,全面开展安全隐患排查,积极组织灾后修复,认真总结此次防汛工作的经验教训,为更好应对下次考验做好准备。

在抗击台风"烟花"的征途中,因为有他们本着"不忘初心、牢记使命,对党忠诚、不负人民"的崇高理念;因为有他们在面对风暴潮"三碰头"不利局面时,怀有波澜不惊、勇往直前、日夜坚守的英雄气概;因为有他们将平日里每次的防汛防台工作都以高标准严格要求自己,善于总结经验教训,才将抵御"烟花"这场硬仗打得如火如荼,让苏州河得以安澜。

(撰稿人:尧小婷)

践行党史教育成果
筑牢防汛铜墙铁壁

——宁波市河道管理中心奋战"烟花"
全力抗汛护城

宁波市河道管理中心

今年7月,6号台风"烟花"来袭,带来大范围持续性强风雨,时值天文大潮,给宁波带来严峻考验。宁波市河道管理中心(简称中心)党委在市水利局党组统一部署下,众志成城,同心协力,奋力抗灾,为保护城市平安交出了一份优秀的答卷。

战"烟花"　书写使命担当

7月22日,宁波市河道管道中心办公大楼彻夜灯火通明,电话铃声此起彼伏,中心领导班子连夜部署指挥,水利防汛抗洪抢险专家全部在岗待命,9个工作组在分管领导带领下24小时驻守重点沿江闸泵,成立骨干党员"巡河先锋队"赶赴防台一线,抽调"精兵强将"下沉一线指导基层,充分发挥出基层党组织战斗堡垒作用和党员先锋模范作用。

中心党委将抗台作为检验党史学习教育成效的主战场，把力量凝聚到"防强台、抗大洪、抢大险、救大灾"上来，充分做好政治准备、思想准备、组织准备。严格按照市水利局水旱灾害防御应急工作预案，充分预估气候异常带来的新情况、新问题，尽最大可能，提高排水效率，做到人岗相适、岗责明晰，坚决打赢台风"烟花"攻坚战。

全面查，班子成员带队对甬江沿线的北仑、镇海和奉化江沿线的鄞州、海曙的防洪道口关闭情况进行实地检查，确保防洪道口及时关闭；加班赶，积极协调海曙水体调控工程参建各方与电力部门，加班加点，在台风来临前，完成屠家沿翻水站通电，具备在防汛期间启动应急排涝的条件，提前发挥社会经济效益；应急调，全力做好抢险保障准备工作，严格执行汛期24 小时值班和领导带班制度，发放各类防汛抢险物资和设备23 批次，价值 30 余万元，为抢险救灾提供有力的物资保障；随时候，组织 4 家水利工程抢险单位、5 支抢险队伍分别在海曙鄞江、鄞州姜山、江北慈城、奉化岳林、慈溪观海卫待命，全天候准备就近投入工程抢险救援工作。

7 月 25 日 0 时 30 分，宁波三江口潮位创造新高，达 3.79米，中心党委书记董敏同志带队连夜顶风冒雨奔赴三江中心区开展巡查。他指出：越是艰难时刻，党员干部越要以身作则、以身示范，中心全体党员要发扬不怕疲劳、连续作战的精神，不畏艰险、鼓起干劲，筑牢安全责任之堤，尽最大努力保障人民生命财产安全。

咬着牙与"烟花"赛跑

"烟花"裹挟大量水汽,所到之处必是疾风骤雨。7月24日凌晨,随着台风对宁波影响的逐渐加大,潮位上涨,沿江水闸排水受到潮水顶托,为了尽可能多地抢排水,河道管理中心工作人员紧紧盯牢河道水位,一旦符合启泵要求,就立即启泵抢排,降低平原河网水位。

凌晨4时15分,宁波市先后开启印洪泵、段塘泵、保丰泵、甬新泵等6个沿江强排泵站全力排水,尽最大可能腾出河网库容,减少城区防洪压力。

中午12时,降雨量快速增加,河网水位迅速上升。结合市区沿江闸泵管理现状,河道中心积极推进全市闸泵联排联调,城区三江沿岸120余座水闸和强排泵站实现联合统一调度,确保中低潮位水闸自排,高潮位启泵强排,实现全程智慧管理,闸泵联排无缝对接。

从7月20日至23日中午12时,姚江大闸一直在候潮排水中,已经持续35小时,姚江大闸中控室里,河道中心"工人先锋号"的成员们也连续35个小时紧盯河道水位,时刻处于高度紧张状态。"一旦台风天,我们就是这个状态,几天不能睡觉已经是常态了。"

台风防御期间,河道中心按照"区域协调、前期预排、顶潮抢排、全力强排、闸泵联排、分流外排"的24字方针,开展沿江闸泵科学调度和联排联调;实行动态信息一小时一报机制,随时掌握闸泵启闭、河道水位、外江潮位等动态实时信息,科学做好排水决策;针对个别泵站因为长时间超负荷运作可能导致的问题,应急小分队制订"一泵一策"做好应对预案。在一场没有硝烟的战场上,一名名共产党员挺身而出,没有多余的言语和交流,所有工作的规程都刻在了脑子里、铭记在心底里。

据统计,台风"烟花"登陆期间,城区三江沿岸 120 余座水闸和强排泵站全力候潮排水,降低河网水位,累计排水近 14 亿立方米,相当于排出相当 100 个西湖的水量,有效保障了城区排涝安全。

党员做表率冲在前

在迎战台风"烟花"中,河道中心党委号召全体党员干部,积极践行新时代水利精神,随时出现在最危急时刻,奋战在最危险的地方,率先做出表率。

调度"守闸人"

运调科副科长马群,汛情Ⅳ级响应启动后,一个个水位不断超过历史最大值,他时刻关注着沿江水位,详细了解沿江闸泵运行情况,加强与沿江属地的对接沟通,不断调整和优化调度方案,对他来讲已经分不清黑夜和白天。参加中心防台调度会商会议、赴泵站实地查看、信息报告闸泵调度专班……经常忙到顾不上吃饭。7 月 24 日凌晨 4 时 40 分,他在微博上记录下了这句话:"应战台风'烟花',只要能守好这座城,最大可能保护好老百姓生命财产安全,再苦再累也是值得的!"

闸泵"理疗师"

"你们去休息一会儿,我来盯着吧!"姚江大闸中控室里,运调科的李良裕正专注地盯着电脑屏幕,时针指向凌晨 5 点。他喊周围的年轻人去休息一会儿,事实上,七天六夜,他也几乎没怎么合眼休息,一直奋战在排水工作第一线。第二天一大早吃好早饭,李良裕又和其他同事们一起出发去沿江闸泵进行安全检查。翻开他的记录本,密密麻麻记录着每天闸泵的检查情况,包括存在的安全隐患和解决方案。连续几天废寝忘食的工作,李良裕的眼睛都红肿了,而不修边幅的他,总会笑笑说:"没事,我来。"

预报"姐妹花"

运调科的胡静奎、徐芳芳同志,她们都是党员,也都是二胎妈妈,被喻为河网数据预报"姐妹花"。从 7 月 25 日 16 时开始,由于台风带来的强降雨,她们的数据报送工作从往常的 3 小时一报变成 1 小时一报,各县(市、区)上百座大小闸泵,每日上千组数据,为了不出错,就需要特别认真和专注。24 小时在单位值班,年幼的孩子晚上总是找妈妈,为了不耽误上报数据,红了眼眶的她们总是不得已狠心挂掉电话,转而继续工作。

仓库"导航仪"

运调科的卢惠君同志,她负责水利抢险物资管理,对每种物资所在的库房、架位和存量都如数家珍,要找哪种物资,她总能准确定位。"烟花"肆虐时,正在值班的卢惠君,接到一线泵站需要特殊的抢险器材的指令,立刻冒着风雨连夜驱车赶往仓库,凭借平时训练出来的精湛技能,迅速点货、验货、发货,往返30多公里,提前将器材送到了泵站,解了燃眉之急。

工程"稳定锚"

工程科方燕琴同志,作为水利工程技术顾问随市防汛防台工作指导组奔赴宁海指导工作,从24日晚接到通知的第一时间,她便提前了解了宁海防御工作开展情况,分析该县的防台薄弱环节,为指导工作打下了基础。25日一早赴宁海后,她发挥所长,详细了解全县防汛防台责任落实、人员转移安置和重点风险隐患排查等情况,又马不停蹄赶往前童镇、黄坛镇等地检查需要重点管控的风险点。

7月30日,台风已经逐渐远离,城市在渐渐复苏中,但水利人的使命和担当没有休止符。他们的担当体现在灾害面前的风雨兼程,更体现在洪峰浪尖外的默默付出。30日,宁波市河道管理中心第一时间派出工作组赶赴各区县(市)指导工作,根据各地灾情轻重和修复重点配备相应专家帮助制订修复方案,确保各地河道管理工作尽快恢复正常。不眠夜后,宁波水利人继续坚守、挥汗、奋进,他们又一次投入了新战役中。

自党史学习教育开展以来,中共宁波市河道管理中心委员根据市水利局党史学习教育总体安排,结合本单位工作实际,加强组织领导,精心谋划实施,扎实推进"我为群众办实事"活动,不断创新党史学习教育内容和方式,做到将党史学习教育与工作实践紧密结合,高标准高质量落实各项任务要求,做到规定动作到位,自选动作出彩,使党史学习教育真正取得了实效。特别是在台风"烟花""灿都"防御过程中,中心全体党员干部冲在前、做表率,做实做细每一项工作,用坚强的党性筑起抗击台风的"中流砥柱",让党旗在狂风暴雨中高高飘扬。

今年,河道中心党委是连续第三次荣获宁波市委组织部"五星级基层党组织"荣誉称号,并获宁波市水利局"先进基层党组织"荣誉称号。6月,中心第一支部被市直机关首批命名为"模范党支部",第一支部书记陈耀辉同志获宁波市委颁发的"担当作为好书记"荣誉称号。

(撰稿人:王文娜、任宓娜)

举旗在前　防汛在"后"

——记漳河河系组战秋汛

海河水利委员会漳卫南运河管理局

连日来,漳卫河系遭遇了持续强降雨,岳城水库已达到历史最高水位且呈继续上涨态势,这场历史罕见的秋汛让漳卫河系防汛安全弦又绷紧了。面对严峻的防汛形势,9月28日12时起,海委将水旱灾害防御应急响应等级提升至Ⅲ级。

汛情就是集结号,以规计处党支部为主要成员的漳河河系组闻"汛"而动,迅速到位,高举旗帜、深入一线,顶风冒雨、坚守岗位。他们中有工作多年经验丰富的"60后",有统筹协调沉稳可靠的"70后",有勇挑重担毫不退缩的"80后",也有满腔热血冲锋在前的"90后"。他们用责任与担当,与广大干部群众谱写了一支并肩作战的防汛交响曲,践行着初心和使命,守护在防汛第一线。

"60后"的坚守——
绝不能缺席每一次防汛

有这样一群人,他们年近花甲,却和年轻人一样冲锋一线,也许少了当年的意气风发,眼神里却多了从容和坚定。李怀森,58岁,是漳卫南运河管理局(简称漳卫南局)的副总工。从10月2日至今,他作为漳河河系专家已在漳河堤防上坚守近两周没回家了,经常忙碌到深夜。4日一早,馆陶河务局在巡堤时发现漳河左堤98+450处有两处险情:一处小管涌,一处疑似管涌。情况紧急,漳河河系组立即赶往现场分析研判,并及时给出了抢险建议。这时,气温骤降,暴雨来袭,李总因为没带厚衣服,已冻得瑟瑟发抖。大家都怕他年纪大,冻坏了身体,他却放心不下管涌险情,一直咬着牙和大家坚持到了最后。5日的凌晨1时多了,马元杰还在整理一天的工作总结,结果接到了李总的电话:"现在谁在大堤上呢?我还是不放心,那个土工布铺设的时候必须先把渗水的地面平整了,再按照标准铺设……"接完电话后,马元杰不禁在心里为李总竖起了大拇指,他心想,李总这么大年纪了还在坚守,我作为年轻同志也不能掉队。李总防汛经验丰富,业务水平高,每次遇到险情都耐心地向年轻同志传授经验:"我马上要退休了,你们还年轻,要好好学习,以后再遇到这种类似情况就会处理了。"李总不但自己担起了防汛重任,还把这种严谨守则的防汛精神传承下去,用实际行动践行初心和使命,站好最后一班防汛岗。

"70后"的奉献——
舍小家为大家 坚守防汛一线

此次秋汛,漳河的防汛形势最为紧张,因为漳河多年未经历洪水下泄的考验,在思想上、防守力量等方面都存在弱项。

王斌,作为规计处支部书记,也是漳河河系组组长,自入汛以来,密切关注水雨情,闻令而行,主动出击,带领漳河河系组顶风冒雨,巡堤查险,坚守在防汛一线。这个国庆假期本来要在家照顾生病未愈的妻子,但是汛情一到,就是命令,就是责任。他心里首先想到的是自己是一名党员干部。"妻子生病,我没能陪在她的身边,我心里是有愧疚的,但是在防汛抗灾的时候,我作为支部书记,必须要冲在前面……"巡堤查险时,在漳河左堤徐万仓段发现多处出水点及堤顶裂缝等紧急险情,王斌组织河系组专家会同地方水利相关负责人会商研判险情,并积极处置,险情得以控制,形势平稳。人民的安危与利益高于一切,哪里有险情,哪里就有领导干部的身影,每一个领导都是一个标杆,是防汛力量的"主心骨""顶梁柱"。

"80 后"的担当——
"我没事,没关系,我可以"

今年入汛以来,海河流域累计面平均降雨比去年同期偏多5成,特别是漳卫河系出现1963年以来最强降雨过程,部分河道水位超历史极值。洪水造成部分城镇受淹、基础设施损毁、农作物大面积受灾,经济损失重大。针对今年洪涝灾害暴露出的突出问题,漳卫河"21·7"洪水灾后重建实施方案正在紧锣密鼓地推进中。马元杰作为规划科科长,这项重任落在他的头上,这几个月来,为了尽快完成实施方案编制,推进漳卫河灾后重建,他经常是加班加点,不分白天晚上,身体累垮了。接到奔赴防汛一线通知的时候,他还在输液。"我没事,没关系,我可以",说完就收拾好行囊出发了。"大男子汉,这点病算什么,过两天就好了,现在汛情这么紧张,我作为一名党员,必须得上。"马元杰坚定地说。

"90后"的传承——
"有需要的时候,随时找我"

10月8日晚上8时,部工作组、委工作组和局漳河河系及专家组正在馆陶县与河北省水利厅、邯郸市水利局有关负责人会商研判漳河水情和险情抢护工作,得知漳河临漳段陈村险工3号、4号坝之间滩地可能有淘刷险情发生,全体与会人员立即结束会议,赶赴现场。到达现场时已经是晚上10时多,但是依旧灯火通明,人头攒动。县和乡镇领导干部及施工机械和几十名抢险人员已经到场待命。工作组查看完情况并对下一步工作进行研判部署完成后,时间已经过去一个小时。当所有人员返回到住宿的宾馆时已经是第二天凌晨1时。漳河河系组成员陈哲的30岁生日,就这样在一线的奔波中度过了。

他是一名"90后",也是一名党员发展对象,支部已经决定假期结束后召开大会接收他成为一名预备党员。这次防汛救灾的战场,也是对他的一次考验。他没有让大家失望,危难面前没有退缩,而是冲锋陷阵,顽强战斗,他已经用实际行动交出了一份合格答卷。虽然他还未正式进入党的大门,但其思想和行动已经表明,他具备了一个共产党员的基本条件。

每一次险情发生后,党员干部总是第一时间冲在最前,用实际行动践行着初心和使命。在这场没有硝烟的秋汛战场上，每一名党员都是一面鲜红的旗帜，每一名领导干部都是一根坚挺的标杆，每一个党组织都是一座坚强的堡垒。大家众志成城，为人民群众筑起了防汛救灾的坚强堤坝。洪水再大，总会退去，但是他们这种坚守一线和拼搏奉献精神像一面飘扬在大堤上的鲜艳红旗，永葆光辉底色。

（撰稿人：吕笑婧）

坚 守

海河水利委员会漳卫南运河管理局

7月17至22日,漳卫南运河上游部分地区降大暴雨到特大暴雨,卫河上游全线发生超保障水位洪水,22日6时,岳城水库流量2 640立方米每秒,达到编号洪水标准(2 000立方米每秒),漳卫河发生2021年第1号洪水。

漫漫洪水,台风来袭,巡堤查险,发现异常

漳卫南运河防汛素有"洪水看漳、卫,平安看德州"的说法。"九达天衢"的德州,高铁有京沪线,普铁有京沪、石德、德龙烟等,高速公路有京台、青银、德衡、德滨等。

漳卫南运河上游山区洪水,流量大,流速快;德州地势平坦,流速平缓,洪水壅阻,土质堤身长期浸泡,极易出险;如果再遇内涝,水势叠加更是危险。今年台风"烟花"过境漳卫南运河流域,德州28日、29日连续两天降雨,防汛形势不容乐观。

30日20时33分,巡堤查险人员发现岔河东大道三八路桥堤防挡土墙排水孔非正常流水,接到报告后,德州河务局局长李勇火速赶赴现场,同时报告漳卫南运河管理局和德州市防汛抗旱指挥部,随后,德州市委常委、常务副市长刘长民,副

市长董绍辉及德州市经济技术开发区、应急管理局、水利局、城管局等地方领导分别赶赴现场,查看险情。

经过一夜紧张忙碌,通过现场勘查、测量、演算,最后专家组会商确认:挡土墙排水孔出水属正常现象,综合考虑行洪多日、连续降雨等因素,建议加强堤内、堤外重点巡查,密切关注堤外出水变化、堤内水流有无漩涡等情况,一旦发现异常,立即上报并组织抢险。

"烟花"再袭,风雨交加

7月31日,气象台发布强对流天气预报:31日夜间,短时有强降雨,并伴有雷电,局部有冰雹,雷雨时阵风9到11级……受台风"尼伯特"干扰,台风"烟花"再次登陆,漳卫南运河中下游再次迎来强降雨。

情况紧急,德州河务局与德州市防指会商,成立110人抢险突击队,并且于晚6时前到达岔河东大道三八路桥报到集合,24小时日夜驻守;要求德州河务局抽调10名经过河道修防抢险培训的青壮年职工作为骨干参加;德州河务局为保障胜利完成工作任务,抽调张斌副局长亲自带队一线指挥、2名抢险专家现场研判险情,选拔青壮年抢险突击队员的任务由德州禹津水利有限公司(简称禹津公司)承担。

此时已经是下午5时,禹津公司邵红燕经理接到任务后,立即确定20名队员名单,分为第一梯队和第二梯队,并且根据人员能否于5时50分之前到达集合地点,进行优化调整。5时40分,所有人员到达指定位置。

一场抢险阻击战正式打响,根据防汛预案,临河设置临时水位标记;背河挡土墙选取 3 处出水点做好标记,测量相关数据,做好记录。熟悉巡查路线,巡查时 3 人一组,注意安全。无雨时 2 小时一次,下雨时 1 小时一次。

晚上 11 时,暴风雨来临。风雨中,检查发现挡土墙排水孔水流量加大、水流速加快。大家冒着风雨排查临河险情,确认没有塌陷、漏洞,没有水流漩涡,观察、测量、记录,没有丝毫懈怠,没有半点马虎。此时,大家心中只有一个信念——坚守岗位! 守岗尽责!

科学研判,谨慎验证

8 月 1 日清晨 6 时,李勇局长和邵红燕经理及第二梯队人员先后赶到,立即组织测量、绘制图形、计算相关数据,经过反复踏勘测算、走访调查确定:此处堤坡下,有一条城管局管理的排水管道。理论推测:由于连续暴雨,管道内、外部压力增加,造成管道破损漏水;在洪水、降雨和管道漏水的共同作用下,造成挡土墙排水孔出水量大于正常水平。

炎炎烈日下,汗水流满脸颊、湿透衣衫,大家没有丝毫懈怠,没有一句抱怨,心中只有一个信念——坚守岗位! 守岗尽责!

严谨的推论需要用实践验证。16 时城管局组织人员使用水泵抽排集水池中的积水,17 时 30 分左右,挡土墙排水孔不再有水流出,此时集水池中排水管道上部已露出水面,集水池内水位下降约 0.2 米,只有地面还在冒水,推测得到了证实。

情况反复,科学调度

晚上,同志们接班后,除了巡堤查险、测量、记录,最关心的事情就是观测集水池水位。然而,情况并不是推测的那么简单,水位下降约 0.2 米后,下降缓慢。不甘心的同志们,顾不上蚊叮虫咬,一次又一次地观察,一次又一次地失望,一次又一次地在记录手册上写下同样的数值、写下"无明显变化,地面冒水"。大家没有拖延一次巡查,没有减少一次观察,因为大家心中只有一个信念——坚守岗位! 守岗尽责!

根据集水池水位不再下降、地面仍然冒水这一情况,德州河务局经过多次与德州市应急管理局、城管局协商,采用大功率水泵抽排集水池中的积水,水位下降后对排水管道的出水口进行封堵,以判断挡土墙排水孔是否与集水池中排水管道漏水有关。同样的情况出现了,水位下降约 0.2 米后,水位不再下降,挡土墙排水孔不再冒水,地面依然冒水,为保证人员安全,暂时放弃管道封堵。

为解决渗漏问题,德州河务局多次会商决定:报请漳卫南运河管理局批准,调整四女寺枢纽洪水流量分配,减少岔河流量。

6 日,岔河流量为 390 立方米每秒,下午,挡土墙排水孔冒出水量开始减小。巡查、测量、记录……没有一次懈怠,只有坚守。

8 日上午 11 时,地面不再冒水,四女寺闸下流量为 354 立方米每秒。河道水位下降,杏园涵闸堤外集水池水位下降,排水管道管口露出水面。巡查、测量、记录……坚守。

9日15时,德州市防指报请市政府批准:抢险突击队撤回原单位,保持24小时待命,日常加强重点巡查;16时收到17时撤离指令。最后一次,巡查、测量、记录……没有懈怠,只有坚守。

厚厚的记录手册,不是坚守的结束,只是另一个坚守的继续……

（撰稿人:伊清岭）

风雨中的逆行者

——记"滦河 2021 年第 1 号洪水"中的水文人

海河水利委员会引滦工程管理局水文水质监测中心

在社会成百上千个行业中,有这么一群人:狂风暴雨中,电闪雷鸣时,别人往家里走,他们往雨里冲、河边跑;寒冬腊月中,天寒地冻时,别人家中取暖,他们凿冰打洞,坚持测流。他们的脚步从激流到险滩,从陡坡到山崖,从未停止。在他们的心中,科学预测预报、及时准确地报送水文信息,就是自己的初心和使命。他们,就是防汛抗旱的"耳目"和"尖兵"——水文人。

山雨欲来,厉兵秣马

7 月 9 日水利部明电:据气象水文预测,受副热带高压西伸北抬和冷暖空气交汇影响,7 月 11—13 日和 14—17 日,海河流域将出现两次强降雨过程。7 月 11—13 日流域将自西向东出现大到暴雨,局部大暴雨……受降雨影响,海河流域大清河、永定河、北三河、滦河等河流将出现明显涨水过程,暴雨区内部分中小河流可能发生超警洪水。

7 月 11 日,引滦工程管理局(简称引滦局)防汛会商会中,水文水质中心(简称中心)水情预报人员根据气象预测情况,做出数值预报:潘家口水库入库洪峰 2 000—2 200 立方米每秒,峰现时间 13 日 13 时;大黑汀水库入库洪峰 1 200—1 400 立方米每秒,峰现时间 13 日 10 时。

水文水质中心领导迅速传达部、委、局最新防汛精神,启动应急响应和"水文应急监测预案",并结合测站实际,从人员、设备、车辆、物资、安全等方面进行周密安排,要求领导扛责在肩,靠前指挥;党员要做到"一个党员,一面旗帜";各站工作人员要严格遵守防汛值班制度,履职尽责,同心相向,切实做好洪水测报工作。

昼夜守候,追求完整

7 月 12 日上午 9 时许,山雨如期而至。到 18 时,雨越下越大,水文人员都不约而同地陆续来到值班室,关注着雨水情变化。这是水文人的通病:一下雨就睡不着,在每个水文人的心中,雨情、水情就是命令,不分昼夜,水文人闻汛而动,向险而行。这也是水文人忠于职守、勇于担当的精神体现。

18 时 45 分,中心韩守亮主任紧急"点将",由 3 名党员和 2 名群众组成第一梯队。听到他要亲自领队,大家都劝阻,毕竟他已经 59 岁了,心脏装有支架,多种疾病缠身。他谢绝了大家的好意,"不管什么情况我都要去,不然在家也不踏实"。头雁先飞,群雁紧随。我们第一时间来到小龙湾测验断面,按照测洪方案进入预定岗位,观测起涨水位,抢测起涨过程。随着汛情转向严峻,洪水过程中漂浮物密集,测流难度骤升,已威胁到测流人员人身安全,我们便撤离到汉儿庄大桥测流断面,采用电波流速仪测流。没有人顾及被雨水打湿的衣衫,更没有人抱怨被测洪破坏的团圆,只有"不错过任何一个洪峰,不延误任何一次报汛"的最强音充斥在我们心中。山区洪水来势猛、变化快,必须在它起落之间完成一次又一次流量施测及水质同步监测。峰涨峰落,分秒必争。我们各司其职,分工合作,忙而不乱。一轮测完,迅速计算、拟报、校报、发报,然后又进入下一轮的备战中。

　　紧张的测流过程仅仅是苦累的插曲,最难熬的是雨夜河边的守候。由于河水的涨落是有过程的,断面距离测站又较远,我们只能在河边守候,随时观测水位的变化,适时进行测流。我们把车停在相对安全地带,翟站长和另一位同事负责观测水位及周围环境安全状况,其他人在车上暂时休息。说是休息,其实就是在车上避避雨,衣裳早已被汗水、雨水浸湿,贴在身上极不舒服。蚊虫也早在车内安了家,赶也赶不走。刚要打个盹儿,翟站长就来通知大家"水位涨了20厘米,需要测一次流量",大家马上"披挂"整齐,抖擞精神,投入新一轮测流和水质同步监测中,刚刚被身体捂干的衣服又被汗水、雨水浸湿了。午夜来临,疲乏和饥饿也随之而来,但也只能饿了啃口面包,渴了喝口矿泉水,困了打个盹儿。巡查的同事为避免瞌睡,在水尺附近来回溜达、蹦跳,雨夜格外的寒冷,穿着防汛救生衣的他们用隐约的光亮给深夜平添了几分暖意。

　　雨一直下,水一直涨……在"测流—等待"的轮番中,天色渐明,视线逐渐清晰,水尺上标线正在一格格沉入水下,我们也都疲惫不堪。这时,中心邢慧副主任带领着第二梯队来了。韩主任说:"我们履行了'测得到、报得出'的诺言,最是风雨见初心,尖兵卫士当无愧。大家回去吃口热乎饭,洗个热水澡,好好休息休息,明后天还有一场强降雨,咱们还得继续坚守。"大家把工作进行了交接,留下的同事继续"测流—等待"的轮番。13 日上午 10 时许,雨才慢慢停息,水位也开始回落,实测洪峰流量 1 470 立方米每秒。直至 18 时许,洪水降幅趋于平稳,第二梯队人员才撤回,完整测得了整个洪水过程。

勠力同心,把脉滦河

与此同时,潘家口水库的两个入库控制站——乌龙矶水文站和石佛水文站的水文人也度过了一个不眠之夜。

由于上游的各级水库和橡胶坝陆续放水,乌龙矶水文站人员 12 日上午 8 时 30 分就已经到测流断面守候、测流。别看乌龙矶水文站 3 名职工均已 58 岁,还都是群众,但干起工作来相当认真。站长初日新眼里总闪烁着自信的光芒,洪亮厚重的声音回荡在测流现场。"现在上游来水多少""设置上下游对照水尺,分析是否有顶托回水""注意安全,抓紧护栏"……一道道任务精准下达,一个个难题迎刃而解。"守好每一站,站好每一岗",这铮铮誓言是 3 名老将一生遵循的准则。

石佛水文站地处偏僻,只有一座漫水桥和外界连接,还要经过一段山洞。站上只有 2 名职工:55 岁的陈卫东站长和 49 岁的史桂印,2 人都是党员,他们已经习惯了与孤独为伍,与山水为伴,用自己默默无闻的坚守,守护一方安澜。电话铃声刚响一声,趴在桌上休息的陈站长就抓起了电话,"你好,我是石佛水文站。""你好,我是上游李营站。洪峰正在过境,流速比较快,请你们做好准备"。旁边的史桂印已经在做记录"13日3:17……"

06:00,水位22.17米;07:28,22.21米;07:45,22.60米。"韩主任,我是石佛水文站陈卫东,现在08:00,水位23.05米。洪水已经漫桥,我建议上级立即启动'超标洪水测报预案',我留在站上负责观测水位,史桂印撤到柳河口大桥,由乌龙矶站人员驰援施测流量。""同意,我马上通知初站长。"指令迅即下达,20多分钟后,3名老将拖着疲惫的身体,赶赴现场投入紧张工作。自此,他们开始了乌龙矶、石佛2个测流断面的轮番测流模式,直至14日5时,石佛水文站水位回落到漫水桥露出桥面、能够安全测流,才结束这种工作模式。到13日09:50,石佛水文站水位涨幅达3.57米,水位开始缓慢下降,实测洪峰流量976立方米每秒,为建站以来最大实测值;乌龙矶水文站实测洪峰流量658立方米每秒。两站水文人同心协力,圆满完成了测洪任务,正如汛后总结会上陈站长所说:"抢测洪峰是水文人的职责,报告水情是水文人的使命,责任在肩,何惧暴雨倾盆,水文人心往一处想、劲往一处使,必定取得防汛测报硬仗的胜利。等等这些,概括为一个字——'值'。"

数据发声,精准预报

水情值班室的人员在成串的电话铃声和1小时一响的闹

钟铃声中度过了 40 多个小时。

"我是洳河上游蓝旗营站,03:12 实测洪峰流量 750 立方米每秒,洪峰正在过境"。

"我是海委水文局,……水情报汛按 1 小时一报。"

"我是引滦局防御处,30 分钟后召开水情会商会,请做好 3 日水量和洪水过程滚动分析。"

……

水情预报人员早已没了午夜的困意,聚精会神地忙碌在水情预报中心的仪器设备前,争分夺秒地采集暴雨高发区的降雨量,记录急涨河床的水位线,确保第一时间向上级防汛指挥部门发送真实可靠的雨水情信息。

截至 13 日 8 时,洳河平均降雨量 150.00 毫米,柳河平均降雨量 117.00 毫米,瀑河平均降雨量 104.00 毫米,区域最大点降雨量 210.00 毫米,发生在洳河石庙子站;潘家口以上流域平均面雨量 82.5 毫米,潘大区间平均面雨量 145 毫米,预报 13 日 13 时前后,潘家口水库入库流量为 2 400 立方米每秒,潘大区间入库流量回落。

"此次强降雨过程具有分布范围广、时段降雨量小,但历时长、累计降雨量大、极端性突出等特点。同时,要考虑由于前期降雨量大,土壤湿度达到饱和,地面径流会增大。"仝科长——一名即将退休的水情预报老兵正循循善诱着身边的新兵,"从千百条数据中总结分析出预警信息是水情人的职责,干好是本职,干不好是失职,苦点累点没有什么"。

一小时一报水情信息,值班人员为防止睡着,把闹钟调成一小时一响,放在耳边。每个人都是高强度运转,人疲劳到一定程度,随便一靠,眼睛一闭就睡着。但大家都保持着高度的责任心和热情,合理分工、精诚合作,一个目标就是"安全度汛"!"没关系,我还能坚持,您先歇会儿!"这样温馨的话语,成为彼此之间最大的鼓舞,也是每个人不竭的动力源泉。洪水过后,留下的不只是水文人疲惫的身躯,还有一组组弥足珍贵的水文数据,这些数据背后承载的是信任与责任,如果没有这些数据的支撑,决策和调度将显得多么苍白。

13 日 15 时,海委水情快报:2021 年 7 月 13 日 14 时,海河流域滦河河系潘家口水库入库流量为 2 390 立方米每秒,为 2021 年第一次达到编号标准(2 200 立方米每秒)洪水,依据《全国主要江河洪水编号规定》(水防〔2019〕118 号),确定此次洪水编号为"滦河 2021 年第 1 号洪水"。

据统计,在此次降雨过程中,水文水质中心水文预报作业 4 次,查询雨量信息 2 000 多份,参加会商 3 次,发布水文预报简报 1 期,雨水情简报 1 期,各站共观测水位 124 次,施测流量 42 次,拍发水情电报 24 次,水质同步监测 8 批次,为防汛主管部门科学调度提供了技术支撑,为地方防汛部署争取了宝贵时间。

滦河在水文人的手心流过,水文人以数字的形式留下了滦河每一分每一秒的变化,记录了滦河的一颦一笑。一场暴雨,水文老兵再战沙场;一场洪水,水文新兵迅速成长;一架流速仪,掌握江河的脉搏;一份份报文,垒起防汛高墙;每一份水情信息,践行着水文人履行职责的义务担当;每一次的迎"峰"逆行,是每一个水文人防汛抗洪的光荣使命。他们用合力、用毅力、用忠诚、用实际行动书写一幕幕激荡人心的感人篇章,让党旗在抗洪测报第一线高高飘扬。

（撰稿人:孔令志）

暴雨洪流危难中,紧急呼叫"山里泉"

——驰援黄委山里泉水文站惊心动魄的九天九夜

黄河水利委员会河南水文水资源局

山里泉,一个朴实却有诗意的名字,它是一个地名,不是一处泉名,昔许有泉。其原名"拴驴泉",据说因古代战时运粮的驴队在此一泉处的大槐树上拴驴而得名。

山里泉位于沁河流经河南济源与山西晋城交界处的深山峡谷中,山高路险谷深,进出只有一条自山西晋城泽州县山河镇闫李庄村段的 208 国道引入的长 23 千米、宽约 3 米的简易水泥道路,最窄处只有 2 米多,仅容一小车通过。道路依山而修,沿龙湾河而建,蜿蜒勾折,曲径通幽。受山险落石和河水冲刷影响,常有阻断。然而景色尚且宜人,不时有观光者前往。

为监测沁河省界水文要素,国家在沁河河南、山西界设立山里泉水文站,站房位于济源市克井镇一侧,受自然条件限制,建站用了 2 年时间。从 208 国道往山里泉水文站方向行进 9 千米,就到了只有十几户人家的窑河村,继续前行 10 千米就到了泽州县拴驴泉水电站(山里泉风景区),中间要经过 5 个简易隧洞,过一小桥进入河南境,接着行进 1.5 千米就到了焦作引沁渠首管理处(仅有 6 名职工轮流值班),再前行 2

千米就到了引沁渠首管理处的翁河节制闸了，最后行进0.5千米，才能到达山里泉水文站——河口村水库入库站、国家省界断面水文监测站。

山里泉地处深山，少有人烟，平时只有3个小单位的十几名职工和几个临时借住在水库搬迁村落的放羊人。

从7月10日夜间开始，沁河流域的山西省南部区域遭遇百年不遇的特大暴雨，地处南部山区的东冶、蟒河一带雨量最大，其降雨量高达360毫米，暴雨如注，导致山洪暴发，沁水暴涨，洪水直扑省界山里泉水文站，一时间道路冲毁，供电中断，通信中断，失去联系……

暴雨洪流危急中，紧急呼叫山里泉！

立即部署　紧急驰援

早上接到沁河流域将有大到暴雨的天气预报后，黄委河南水文水资源局就要求密切关注雨水情，局领导坐镇水情室指挥辖区测报，7月11日上午，黄委小浪底库区勘测局派郝帅杰驾车载宝拥军、杜明刚冒雨前往山里泉水文站……一路雨越下越大，到10时左右，离开208国道进入约3米宽的简易水泥道路，一路前行，落石不断，需要不断下车搬开掉落在路上的石头才能前行，旁边多年干涸的龙湾河也开始涨水，车辆无法通过，掉头返回才发现，来时的路因山体滑波，落石已经堆满路面，将道路堵得严严实实，此时暴雨如注，既无法前进也不能返回，于是他们赶紧寻找到一块高地，以保证自身安全，直到5个小时后才脱离险境，无奈，只好就近夜宿窑河村。

特大暴雨造成 7 月 11 日山里泉水文站突发 3 800 立方米每秒的超大洪水,该站遭遇重创,水文测报设施、供电供水线路等严重损坏,停水停电,急需增援。

实行巡测的省界山里泉水文站平时无人值守,依靠自记设备监测发报。洪灾导致设备毁坏,监测困难,如不及时进人抢修和开展人工观测,大(一)型河口村水库的防汛调度,乃至整个沁河下游防汛将失去依据,关乎下游千万人民群众的生命财产安全,一旦出现闪失,后果不堪设想。

鉴于此,黄委河南水文水资源局雷成茂局长立即做出部署,派六级职员薛晟、管护中心主任李珠、星睿公司张景经理、王哲副经理和陈永杰冒雨驱车赶赴山里泉站紧急驰援……

道路阻断　设法驰援

由薛晟、李珠、张景、王哲、陈永杰 5 名同志组成的驰援队,驾驶两辆装载全站仪和支架、电波流速仪(雷达测速枪)和食品等物资的汽车,于 7 月 11 日晚上 10 点多冒雨从郑州出发前往,于 7 月 12 日凌晨 1 时 30 分到达济源五龙口时得知前方道路中断,遂就近赶到五龙口水文站,与黄委小浪底勘测局局长吴岩、副局长任江波等共同协商驰援方案。

7 月 12 日早上 5 时,暴雨暂歇,天稍放晴,沁河洪水持续,龙湾河河水回落。该局两批驰援队伍背负使命,逆行挺进,一路上山瀑如注,落石不断,他们做好安全防护,勇往直前,丝毫没有胆怯。

宝拥军、杜明刚、郝帅杰从前方的窑河村出发艰难往里前行，当地政府组织山里泉风景区的人员往外撤离，当他们行进至距离山里泉水文站11千米处，道路严重冲毁，车辆受阻，不得不弃车徒步前行。他们背着仪器测具步行2小时，7时30分到达拴驴泉水电站时，发现连接两岸的沁河桥梁已被洪水冲断。当时洪水湍急，7米多高的断桥顿成天堑，现场想了很多办法，都因缺乏必要的设备，导致一时难以逾越，冒着38摄氏度的高温困在拴驴泉水电站达9个小时一筹莫展，直到下午4时，只好顶烈日又负重步行2个小时、行程7公里，返回窑河村借宿农家再图良策。

薛晟、李珠、任江波、张景、王哲、陈永杰一行7时30分赶到不能通车处时得知，拴驴泉水电站旁边的沁河桥已成断桥，无法逾越。汛情紧急，退到附近的窑河村后，薛晟火速拨通了河口村水库管理局的电话，请求河口村水库提供船舶尽快载驰援队员从水路逆行前往21公里外的山里泉水文站。河口村水库方面表示，当天下午水库正在大流量泄洪，入库流量也不小，且木头、柴草等漂浮物多，不好行船，答应第二天借给我们一台操舟机试试。同时透露，晋城市的搜救人员也联系他们寻求船舶支援，约好7月13日11时行动，建议我们同行……遂留下张景、王哲留在窑河村伺机待命，薛晟、李珠、任江波、陈永杰下午3时撤至五龙口水文站与吴岩汇合商量水路逆流而上方案。

经过1个小时的紧急协商联系，下午4时决定了7月13日采取陆路和水路同时进行的方案，紧急通知宝拥军、杜明刚、郝帅杰及小浪底站站长张保伟、在润城站支援的计财科科长刘建伟、西霞院水文站船工闫宇庄7月13日早上9时30

分前赶到五龙口水文站集结。薛晟、吴岩、李珠、任江波随后即刻联系并动身前往河口村水库,在河口村水库现场查看了水库水面情况,为第二天的水路逆行做好了准备……

披荆斩棘　成功驰援

7月13日早上9时30分,艳阳高照,酷暑难当,各路人马到齐,经过快速分装仪器设备物资,薛晟一声令下,水、陆两队即刻出发。

"水路队"由薛晟率领,李珠、任江波、张景、王哲、宝拥军、杜明刚、刘轲、闫宇庄组成,驱车赶往河口村水库坝前码头,因船体不大,仅能容纳4人,遂由闫宇庄驾驶临时从河口村水库借来的一台操舟机,搭载宝拥军、杜明刚、刘轲3名队员溯源逆流而上前往山里泉水文站。薛晟、李珠、任江波、张景、王哲留守坝前码头,联系准备相关物资的同时等待第二批人员乘船溯源逆流而上。

闫宇庄驾船载人逆流驶离码头,载着希望,劈开波涛,疾驰而去,岸上人员的目光也紧随着远去的船只游移。当船拐过弯道驶出视线,因为困难重重,前途未卜,加上库区深处没有通信信号,手机无法接通,大家的心随即提了起来。烈日下的坝前码头连一块阴凉处也没有,火辣辣的太阳晒得人头晕眼花,浑身难受。时间在一分一秒流逝,根据航速与距离揿算着行程,几个小时的焦急等待,忧心如焚,度秒如年……直到一个半小时后闫宇庄独自驾船返回重新出现在视野里,大家悬着的心才放了下来。

　　从闫宇庄口中得知,因水库持续泄洪,库水位下降不少,致船顶流而行40分钟后水浅难行,宝拥军、杜明刚、刘轲只好弃舟登岸前往了。

　　事后才知,弃舟登岸的宝拥军、杜明刚、刘轲涉过泥泞嫩滩,负重几十斤物资、徒步前行3小时、行程十几公里山路,最终于下午3时30分安全抵达山里泉水文站。

　　"陆路队"由郝帅杰驾车搭载刘建伟、张保伟从公路前往,到道路塌方处车辆受阻后,刘建伟、张保伟弃车,背起几十斤重的物资,11公里的山路他们一走就是4个小时,最终想方设法、克服困难,于下午4时安全抵达山里泉水文站。送完物资,张保伟又步行返程与停车处的郝帅杰汇合驾车返回,准备第二天的物资。

　　两路队员冒着酷暑高温,携带仪器干粮,披荆斩棘,一路疾行,挥汗如雨,脚板磨破了、脸晒脱皮了、脊背压弯了。到站的宝拥军、刘建伟、杜明刚、刘轲,看到供电、供水、网络、道路四中断的困难情况,顾不上休息,便立即实施水情测报,并于测报间隙冒酷暑清点水毁情况,想方设法抢修设施,为迎战下一场洪水做准备。

　　由于没电、没网、没信号,对外联系全凭携带来的一部卫星电话,而因站院四面都是高山,卫星电话也只能拿到高处才能通话,如果大家一直在处于低处的站院干活,那就无法联系上,很不方便。

　　得知首批驰援队员成功到达山里泉水文站后,为尽快恢复中断的道路,薛晟同志打电话向济源市主管防汛的侯波副市长求援,侯市长很重视,立即指示济源市水利局赵中兴局长等设法支援,并联系晋城方面共同支援,日夜不停推进修路进度……

7月14日,洪水缓慢消退,山里泉水文站依然是水电路网四不通,还是烈日高温,他们4人继续在水电路网四中断的条件下测报、清理站院、恢复设施,由于天热,他们进来时携带的水很快就喝完了,大家就在洪水稍退后趴在河边"泉眼"上喝水解渴。所谓的"泉眼",不过是河边石缝里渗出来的河水,只比河水稍清,其水入口的滋味可想而知。薛晟、李珠、任江波、张景、王哲在济源冒酷暑分头购买小推车、液化气钢瓶、灶具、食品、矿泉水、油料等第二批物资……

为了集思广益设法跨越拴驴泉水电站旁边的断桥天堑,河南水文水资源局(简称河南水文局)在职工群里根据现场职工发回的图片进行讨论,研究如何通途,有的建议购置船舷梯,有的建议搭脚手架,有的建议购买绳梯……大家都积极出主意、想办法。

最终,还是确定采用山里泉水文站仅有的一个9米长的伸缩铝合金梯子试试,4个人抬着梯子徒步4公里,来到断桥安放,结果,居然能行。随后,刘建伟被抽调回来采购补给物资。

至此,断桥从7月14日下午起依靠黄河水文人搭起的9米长梯,居然在太行深山中的沁河上连通了豫晋两省,之后的多日,这个"生命线"运送了多个地方搜救队、附近单位员工、当地群众,发挥了关键作用,受到通行者和当地政府部门的高度赞赏。

所幸的是,前一天听放羊人说此处联通手机信号尚可,第二天就捎来了宝拥军的联通手机,果然,尽管信号微弱但勉强能通,也算有了新的希望……

领导慰问　温暖人心

7月15日上午,洪水渐退,山里泉水文站依旧水电路网四不通,测站房屋被洪水淹没后,一楼的厨房、仓库损失殆尽,门窗尽毁,屋内淤泥深达近一米厚,加上没水、没电、没网、没手机信号,连喝口清水都成了奢望,职工生产生活异常困难。

时刻关注山里泉站驰援工作的雷成茂局长,在沁河测站支援指挥大洪水测报工作刚结束,就立即组织技术科李有才科长、计财科李小乐主任等从郑州驱车赶赴山里泉站慰问和支援,薛晟、吴岩、李珠、李世栋、郝帅杰、张景、王哲等带着支援物资从五龙口站驱车前往,他们和前面的驰援队员一样,顶着烈日用小推车拉着慰问品徒步11公里,历时3个多小时,汗流浃背都毫无知觉……

他们为山里泉水文站送来了牛奶、香肠、自热火锅、矿泉水、方便面、药品、日用品、汽油、仪器测具等,令人感动的是,这些慰问品里,100个熟土鸡蛋是雷局长一大早亲自下厨煮好的……这些使职工和前期驰援队伍倍感温暖,也增强了他们战胜洪水的信心!

到站后,雷成茂局长一行和驰援队顾不上片刻休息,立即现场详细勘查了房屋、设施设备受损和测验河段变化等,席地而坐开会研究尽快恢复生产生活的措施,为迎接下一场洪水做准备。

会后,留下薛晟、李珠、张景、王哲与先期到达的宝拥军、杜明刚、刘轲7人驻站恢复生产……

积极自救 恢复生产

7月15日下午,洪水继续缓慢消退,山里泉水文站依然是水电路网四不通,依旧是烈日高温,薛晟、李珠、张景、王哲4人与先期到达的宝拥军、杜明刚、刘轲汇合,驻站恢复生产。这7人趁着天色即刻投入紧张的工作中,与时间赛跑,与洪灾角力,与自然抗争。傍晚,薛晟同志及时张罗,用送来的灶具和食材,为大家炒了一个热菜,给先期到达已经吃了2天冷食的3名职工改善了生活,大家兴奋不已……

晚上,休息在被白天骄阳晒透的闷热屋内,没水、没空调、没灯光、没网络、没手机信号,没办法擦澡、没办法降温、没办法照明、没办法上网,只有旁边涛声阵阵的河水、窗外黑黢黢的山影、潮湿沉闷的暗夜和"嗡嗡"作响的蚊虫,前半夜难以入睡,后半夜蚊虫咬醒,犹如一脚踏入了原始社会……

7月16—17日,洪水继续缓慢消退,山里泉水文站依然是水电路网四不通,依旧是烈日高温,奉命驻守的7名职工按照雷成茂局长查看现场会议议定的工作安排,在薛晟同志的带领下,分工负责、密切协作,争分夺秒地恢复设施:薛晟、宝拥军、杜明刚、刘轲主要刻画喷绘水尺、校测水准大断面钢塔、清理夹缠在立杆上的树木和杂物、找水;李珠、张景、王哲主要维修设备;大家共同从断桥到站接运送来的物资;外边的刘建伟、郝帅杰、陈永杰三人轮流驾车运送物资……

他们不怕苦、不怕累,无私奉献,顽强拼搏,无不感染着每一位水文工作者！他们用实际行动诠释了河南黄河水文防汛尖兵的神圣使命！暴雨洪水终将过去，但在驰援救灾中凝成的不怕困难、勇往直前的进取精神弥足珍贵！

（撰稿人：薛晟）

踔厉奋发战风浪　勠力同心保安澜

——2021年黄河水利委员会水文局防汛纪实

黄河水利委员会水文局

2021年,对于黄河水文人来说,是非同寻常的一年。

这一年,伏汛连着秋汛,洪水一波未平一波又起。黄河流域汛情多区域交织、多场次叠加,7月出现了沁河"7·11"、郑州"7·20"极端暴雨。9月27日至10月5日,短短9天内连续出现3次编号洪水,中游干流潼关站出现40多年来最大洪水,多条支流出现历史最大洪水,发生新中国成立以来最严重秋汛,防汛形势极其严峻,黄河中下游水旱灾害防御三次启动Ⅲ级应急响应。

这一年,黄河水利委员会水文局(简称水文局)超前预警,同心协力,认真贯彻水利部、黄委要求,按照"系统、统筹、科学、安全"原则,下足"绣花"功夫,做好"四预"文章,坚决打赢洪水测报这场硬仗,用一次次准确的预测预报、一次次出色的洪水监测,为黄河防汛调度决策提供了坚实支撑。

早部署,全局上下一盘棋

受今年特殊气象影响,黄河支流渭河、伊洛河4月便出现洪水过程。这场洪水仿佛提前出现的防汛"小考",不仅检验了黄委水文局备汛成果,还为水文监测预报工作拉响了警报。

面对气象水文预测可能比往年更频繁、更严峻的洪水形势,黄委水文局超前谋划,早在2月就对汛前准备工作安排部署、落细落实,印发2021年防汛工作安排意见,明确各级防汛责任;强化"四预"措施,编制完成121个国家基本水文站测洪及报汛方案和黄河洪水预报预案;印发《2021年水文测报能力提升工作任务书》,推进水文测报能力提升从"百花齐放"到"集成总结";黄河水文应急监测总队和支队相继开展大洪水实战应急监测演练,提升应急处置能力;系统分析历史典型暴雨洪水形成天气系统、产汇流规律,开展现状下垫面条件下洪水反演,为洪水、泥沙监测预报做好技术准备;备足防汛物资等,做到思想、组织、技术、物资、安全"五落实",全力打造一支水文铁军,塑造"全时待战、随时能战"的工作状态。

4个月来,黄委水文局备齐、备足设施设备,全力为洪水测报提供技术保障、人力资源保障、物资保障和后勤服务保障。取消国庆节等法定节假日,严格落实24小时值班值守制度,实时分析天气形势、降水情况、洪水传播情况、各站测报情况,滚动预测预报,明确专人紧盯重点站、重点环节,根据洪水预报情况,各预备队成员提前到达指定测站待命,随时准备投入洪水测验中。由于较长时间的洪水过程,测站个别设施设备长时间、多频次运转,陆续出现故障,黄委水文局第一时间派出设施设备维护组对故障进行维修,保证了洪水期正常测验。

"2021年大事多,要事多,挑战多,考验多。全局上下肩负新使命、贯彻新理念，全面落实黄委党组决策部署，全力推进黄河水文高质量发展，广大干部职工经受住了汛情、灾情、疫情等多重考验，不畏艰险、恪尽职守，推动各项工作取得了新的进展。"在黄委水文局2021年局务会议上，局长马永来充分肯定黄河水文职工的艰辛付出，部署下一步重点工作。

全局上下一盘棋，众人拾柴火焰高。从6月至10月，黄委水文局共制作发布重要天气预报通报40期、降水预报159期、洪水预报278期、水情通报简报27期、洪水预警17期、径流预报27期、水情日报153期，开展洪水常态化预报2 806站次，接收雨水情信息1 400余份，提供未来7天洪水过程预报成果280余份，编制黄委水文局及黄委防汛会商材料140余份，通过短信发布各类实时雨水情信息、预警预报信息1.5万余人次。

过去的成果丰硕，而新的华章正在绘就，黄河水文人正同心协力，阔步前行在通往幸福河的大道上。

连轴转，预警预报暴雨洪水

预报洛河卢氏水文站7月23日19时洪峰流量2 300立方米每秒，实况为18时54分洪峰2 610立方米每秒，为局地突发性暴雨洪水防御提供了准确依据。

提前2天预报黄河潼关水文站9月29日洪峰流量7 500立方米每秒，实况为29日23时洪峰流量7 480立方米每秒。

预报潼关水文站将于10月7日10时前后出现8 000立方米每秒左右的洪峰流量，实况为7日11时洪峰8 360

立方米每秒。

　　提前 1 天预报华县水文站将于 10 月 7 日 12 时前后出现 4 300 立方米每秒左右的洪峰流量,实况为 7 日 15 时洪峰流量 4 330 立方米每秒,洪峰流量预报误差小于 1%……

　　一份份精准预报,接连从黄委水文局发出。它们为水文站合理布设测次、科学开展测报打出提前量,为黄委及流域政府精准调度、迎战洪水抢得先机,有力保障了人民群众生命财产安全。

　　这些数据背后,是黄委水文局领导夙夜在公、坚守岗位,随时组织水情会商,防汛关键期靠前指挥、周密部署的责任担当;是水文水资源信息中心的预报员们不分昼夜、接续奋斗的背影;是一线水文职工 24 小时不间断测报水情、实时监控河情的奉献。

　　防汛,重在决策、要在调度,二者的先决条件,则在于一个"预"字。面对滔滔黄河水,如何下足"绣花"功夫,做好"四预"文章? 水文预警预报就是其中举足轻重的一环。

　　6 月 1 日以来,黄委水文局每天制作发布黄河流域降水预报,紧密追踪天气形势,密切监视水情变化,强化会商研判,滚动分析预估雨水情变化趋势,超前预警暴雨洪水过程,为黄河水工程联合调度提供了有力支撑;秋汛期间,预报人员放弃周末、中秋节和国庆节等假期,坚守岗位,密集预测预报雨水情趋势,基于异常严峻的秋汛形势,首次发布黄河中下游重大水情预警,超常规地对未来 10 天小浪底以上及小花区间来水形势进行预估,每天滚动制作陆浑、故县、河口村 3 座水库入库及潼关、黑石关、武陟、花园口 4 站未来 7 天洪水过程预报,预报频次最高达 2 小时一次,为实现"人员不伤亡、水库不出事、工程不跑坝、滩区不漫滩"的防御目标贡献了坚强水文力量。

"绣花"针脚密不密,要看水文预报准不准。为了提高水文气象、水情预报精准度,延长预见期,黄委水文局水情人员工作强度拉满,在一轮又一轮洪水历练中不断成长。

走进黄河流域水情中心,一块占据整面墙、密布信息的大屏幕特别抢眼,从卫星云图、降水预报、全河水情到各水文断面视频监控,与防汛决策相关的信息都以可视化数据、图表或图像清晰地展现在眼前。在这个防汛"指挥部"里,黄委水文局防汛领导小组成员们在滚动会商分析中度过了无数个不眠之夜。

作为决策的"参谋"、防汛减灾的第一道防线,水文人肩上扛着一座大山,压力之大不言而喻。水文水资源信息中心主任王春青近 2 个月的时间吃住都在办公室,用他的话说:"雨水情变化快、突发多,在家休息心里也不踏实。"不论黑夜白天,每隔几分钟,最长不过 1 小时,就会听到黄委水文局防汛群"滴滴"的消息提示音,打开一看,正是滚动发布的最新气象、水情预报消息。为准确测报这场洪水,水文水资源信息中心的同志将压力转化为动力,倾情付出,无怨无悔。

截至目前,气象情报预报值班共计 1 100 多人次,组织气象洪水预报会商 600 余次。接收气象报文约 22 TB,处理气象资料 163 000 余份,传输各类气象情报信息约 630 GB,处理气象资料 53 000 余份,处理应用各类云图 132 000 余份,发布降水实况及雷达云图信息 500 余条、拼图产品 22 000 余份,为上

级领导部门提供临时气象材料 60 余份,为水情月报提供气象
材料 18 份;30 分钟内到达黄河防总的雨水情信息到报率达
95%以上,汛期雨水情信息报送质量继续保持稳定。

齐发力,打好洪水测报主战场

逆境中前行,洪水中坚守。这或许就是黄河水文人最贴
切的注解。

2021 年入汛以来,黄河流域出现多次暴雨洪水过程,特
别是早早开始的华西秋雨,持续时间长、降雨场次多、累计雨
量大,中下游干支流普遍涨水,发生 1949 年以来最严重的秋
汛洪水。流域多个水库高水位运行,小浪底水库出现建库以
来最高水位,下游持续出现长历时、大流量的洪水过程。受暴
雨洪水影响,黄河中下游河段就成了今年防汛至关重要的"必
争之地"。

黄委水文局三门峡、河南、山东 3 个测区水文职工同心同
向、全力以赴、携手打好了这三个洪水测报主战场。

受华西秋雨影响,三门峡测区出现了罕见的持续性降雨
和洪水过程,9 月 27 日、10 月 5 日先后出现黄河 2021 年第 1
号和第 3 号编号洪水,渭河、汾河均有大面积漫滩,防汛测报
任务艰巨。对此,三门峡水文水资源勘测局以洪水测报为中
心,周密部署,精心组织,把防汛工作作为汛期重中之重,各勘
测局、各测站严格按照任务书、测验规范要求进行操作,克服
困难,连续奋战,紧抓过程控制、合理布置测次,保证测报质
量,顺利完成了汛期洪水测报工作。

潼关水文站是三门峡水库的入库站,黄河、渭河、北洛河洪水在这里交汇。秋汛中的潼关水文站职工已经不知道有多少个夜晚彻夜未眠,他们以顽强的意志克服连续作战的疲倦、雨天道路泥泞等重重困难,以斗志昂扬的精神迎接一次又一次的洪水测报工作,并于10月7日11时成功报出1979年以来最大洪水——8 360立方米每秒的洪峰流量;咸阳水文站上的雷达自记水位计被洪水冲毁,此前设立好的人工观测水尺,也即将被洪水吞没,站长李建文和副站长赵益民穿好雨鞋,手握铁锤,在洪流中一锤比一锤有力,把一支支临时水尺牢牢锤入河床,任洪水翻卷上涌,都无法晃动分毫;洪水从渭河华县水文站上游漫出主河槽,滩地一片汪洋,测验长度一下翻了近10倍,测验难度也加大了许多,每次光是抵达测验断面就要费上许多周折,橡皮舟、水陆两用车、汽车等交通工具齐上阵,才能把测验队员送到对岸。

战线再长、断面再宽、困难再大,都击不垮水文职工履行职责的使命、完成测验任务的决心和意志。

滚滚洪水向东流,一路进入小浪底水库。黄河水库调度为了拦洪错峰,将精度控制在每秒50立方米左右,而为之提供决策支撑的,正是其上下游的实时水文测报数据。而黄委河南水文水资源局测区覆盖黄河三门峡水文站以下至夹河滩水文站间的黄河干流及重要支流伊洛河、沁河水系,河南测区的水文数据正是黄河小浪底、西霞院、伊河陆浑、洛河故县和沁河河口村5座大型水库科学调度的坚实基础。他们下足"绣花"功夫,努力将测报精度做到更精细。

2021年,河南水文测区暴雨洪水接踵而来,从4月23日伊洛河早发洪水开始,到伏汛秋汛首尾相接,全测区3大支流和黄河干流27个水文站多数出现历史同期最大洪水,部分水文站出现历史最大洪水。洪水范围之广、量级之大、历时之长,历史罕见。

这场全线作战的测报"车轮战",全体河南黄河水文人经受的是体力、精力和业务能力的多重考验。夹河滩水文站站长张明哲按照报汛频次设好了闹钟,但仍担心闹钟叫不醒自己,夜间轮值从不敢睡觉;小浪底水库出库站的小浪底水文站站长张保伟,在洪水到来时,毅然将两个牙牙学语的稚子和大女儿交给年迈的母亲照料,无怨无悔坚守岗位;沁河武陟水文站站长陈志远带领站上职工齐心协力、连续作战,一天之内抢测4次流量,最后终于成功测得1982年以来最大洪峰流量;花园口水文站在这次水库调度中作用极为关键,是黄河下游防汛的"晴雨表",站上职工全员吃住在单位,全天候值守,加密测报频次,一天三班倒,数据一小时一报,雨水情最严峻的时刻,甚至12分钟一报。期间,每天外业职工都要两次出船,开展水文测验工作,风雨无阻,从未间断。"花园口站断面情况复杂,能在提高精度的同时,完成这种高密度的水文测报工作,在过去是不可想象的。这主要得益于近年来开展的测报能力提升工作,花园口站对配置的水位观测及整编自动化、多船流速仪、ADCP等各类先进设施设备积极进行比测应用。现在只需要20分钟左右,我们就可以完成一次流量测验。1958年洪水的时候,可是需要十几个小时呢。"花园口水文站副站长张振勇介绍。

与此同时,黄河下游长时间持续大流量过程,黄河、东平湖、金堤河"三水相遇",山东河段三线作战、三面吃紧。作为防汛"尖兵""耳目",山东水文水资源勘测局每日视频会商,对各站的测报精度进行研判,各站每日绘制断面冲淤变化图,及时出动无人机查勘河势,根据情况变化精准布设测次,水位一厘米一厘米地测,流量一立方米一立方米地算,为黄河安然入海保驾护航。

　　为东平湖调度提供决策依据的孙口水文站内,女职工占了大多数,还有好几位"95后"的小姑娘。站上给大家排了班,一班5人,3女2男,一般外业工作都是男职工出动,为的就是尽量保护女职工。但有时候需要出船用流速仪和ADCP比测,人手不够,不论男女老少,大家都踊跃要求,相互补位。"我们不仅是同事,还是朋友,是兄弟姐妹。"新入职的女职工樊亦涵说。艾山水文站站长张建国,只要职工出船测流,不管刮风下雨,不论黑夜白天,他永远是"河畔的守护者",身边是随时准备出发的冲锋舟;肩负着东平湖入黄河水量监测任务的陈山口水文站升级为24段制报汛,没有轮班、没人替换,站上的3名职工开始了"挑战不可能",在吊厢操作楼里驻扎,每天足不出户,神经紧绷,不敢有丝毫松懈。就这样,他们在闸门轰鸣中硬是从9月27日撑到了10月4日。"后来,局里的预备队过来支援,我们才算解放。"刘安国笑着说。整个秋汛期间,山东黄河水文水情测报误差没有超过20立方米每秒。

　　"我们水文这个大家庭,每个人都是典型,每个人也都是不可或缺的一部分。"黄河水文人总是把这样的话挂在嘴边。那些经由他们的手,写在纸上、传输在网络上的水文数据,每一个都是宝贵的,背后都凝聚着水文人的汗水与智慧。他们放弃了节假日的休息、减少了家人的陪伴、缺席了孩子的成长,日夜把脉大河,为科学防汛调度提供了坚实支撑,发挥了巨大的防灾减灾效益。

好在洪水测报过程中新仪器、新设备应用力度持续加大,各站利用洪水时机,积极进行相关仪器的比测或扩范围比测工作。自动报汛软件、水文测报信息管理服务系统分别在水情报汛、水文信息服务方面发挥了显著作用;第二代无人测验平台升级工作,非异常水沙条件下测验人员不再涉水作业,生命安全得到了切实保障;调水调沙及3次编号洪水期间,RG-30雷达在线测流系统应用效果较好。大含沙水流下走航式ADCP+GPS罗经+测深仪应用研究,手持电波流速仪、米RV雷达在线测流系统、无人机测流系统等新仪器开展了比测工作,大大减轻了人力、物力的投入。

先进的测验手段,无畏的黄河水文人,代代传承的黄河水文精神,组合在一起,才有了一年年黄河的安澜。

在做好洪水监测预报的同时,黄委水文局始终坚持人民至上、生命至上,认真履行防汛职责,充分发挥黄河水文点多、线长、面广的特点和信息、技术、人员等优势,与有关地方防汛部门、单位建立信息共享机制,第一时间通过电话、短信、微信等方式,通报水情和防汛信息,为地方政府防汛科学调度和群众安全避险转移争取宝贵时间,有效减少了灾害损失。

及时发布各类重要天气和水情预报通报、精准超前预测预报预警暴雨洪水过程,黄委水文局先后收到解放军某部、龙门园区河长办、洛阳偃师区人民政府、栾川县防指、沁阳市人民政府、济源市产城融合示范区管委会、河口村水库管理局、博爱县防指、豫西河务局、河南黄河河务局、山东黄河河务局、黄河河口管理局和东平湖管理局等地方政府、单位发来的22封感谢信,对黄委水文局提供的防汛决策支撑给予了高度赞赏。

2021年10月27日10时,利津站流量达1 990立方米每秒,黄河中下游河道流量全线回落至2 000立方米每秒以下,汛情整体趋于平稳,所有水文站恢复正常报汛,标志着黄河水文防汛测报取得全面胜利。

汛期大考结束,凌汛脚步已至,一场新的战斗再次打响。黄委水文局将继续踔厉奋发、勠力同心,以坚守践行使命,以奉献书写担当,打好洪水测报主战场,以实际行动守护大河安澜,续写水文新章。

（撰稿人：陈毓莹、范国庆、李兰涛）

打好防汛这场硬仗
彰显水文人的力量

黄河水利委员会中游水文水资源局

在汛情工作中,水文人永远是人民群众的"主心骨",在防汛工作的方方面面,都需要水文人挺身而出,需要他们站起来"挑大梁"。面对今年黄河中游严峻的防汛形势,水文人总能冲锋陷阵,把责任牢牢扛在肩上,争当防汛战场上的尖兵。今年10月初,一场范围大、时间长的降水使黄河中游发生了新中国成立以来最严重的秋汛,令每一位黄河水文人的国庆节日变得特殊起来。

越到关键时刻,越显责任担当

时任榆次水文水资源勘测局(简称榆次勘测局)副局长的惠丰同志,参加工作已经20余年,当过多年大站站长,业务知识和实践经验丰富,责任心很强。

为全力以赴做好国庆期间秋雨秋汛防范工作,他带领一支榆次勘测局防汛应急监测队伍赶赴林家坪协助测验工作。他到站后,便迅速投入工作中,首先向站长范英东了解测站目前防汛备汛情况,并组织全体职工及应急监测队队员召开了洪水测报动员会,传达了上级防汛工作的会议精神,对当前工作进行了安排部署,并强调所有人员应熟知各自岗位职责以及测验中的注意事项。随后,他带领应急队成员联合该站职工开展了一次安全大检查,确保发电机、吊箱、卷扬机等测验设施设备均运行正常、各项防汛物资齐全充足,能够保障测验顺利进行,也使全体人员从思想上高度重视此次洪水过程,克服了麻痹思想。

秋雨绵绵,细密的雨丝在天地间织起一张灰蒙蒙的幔帐,没有一丝要停的迹象。10月4日上午9时,林家坪水文站基本断面水尺水位开始上涨。上午11时,站长范英东迅速组织全站职工及应急监测队队员开展第一次流量测验,按照各自分工,全体人员迅速到达各自岗位,立即投入了战斗。测验开始,对讲机、秒表、测深杆、横式采样器等一切测验设备准备就绪,身为共产党员的惠丰主动请缨冒着大雨登上吊箱施测流量,一下下挥舞着沉重的测深杆让他汗流浃背,天空中冰冷的雨水拍打在他的身上、脸上,即使被汗水和雨水浸湿了衣衫,他也没有丝毫怨言。在测流结束后,他会关注测验成果,对每一个数据都认真校对,做到心中有数、万无一失。在测验结束后,他牺牲了自己宝贵的休息时间,主动为站上刚参加工作不久的几位年轻人答疑解惑,讲解一些业务知识,大家都收获颇丰。

10月6日,林家坪水文站水位缓慢回落,水势逐渐稳定。由于受持续强降雨的影响,大宁水文站水位一直居高不下。根据上级单位及山西省气象局预报,10月3—7日有持续性强降雨过程,局部地区有大到暴雨,临汾市政府多次发布暴雨蓝色预警。此次降水累计达 300 多毫米。

汛情即命令,所谓"众人拾柴火焰高",他临危受命,在 10 月 6 日 15 时许,他带领应急队成员又历经 4 个多小时从林家坪水文站驱车赶到 300 多公里外的大宁水文站支援洪水测报工作。他到站后,便协同测站职工投入到紧张的测报工作当中去。与站长曹胜利共同研究测报方案和应对措施,并时刻勇当先锋、敢打头阵,用行动展现共产党人的政治本色,率先垂范于每一项急难险重任务上,冲锋陷阵在每一个潮头浪尖。晚上测验时,风雨交加,测流难度系数高,但他却不假思索地穿上救生衣、拿上对讲机和秒表,第一个冲上吊箱;每一次发报时,他都仔细校核每一个数字代码,保证准确无误发出报文;当他看到泥沙室里众多还未来得及处理的沙样,就会立即上前帮忙并分享泥沙处理经验。

洪水逐渐退去,但他的工作热情并未减退,仍然心系一线水文工作。在接连援助了两个测站的洪水测报工作后,他又马不停蹄地赶往下一站,完成接下来的任务。当时,他未有片刻休息,连续奋战在水文工作最前沿,查看水毁修复工作进展情况、参与基本建设工程放线测量等重担全部落在他的肩上。

搏击风雨激流　做坚实的依靠

连续不断的降雨使得本该轻松愉快的国庆假期变得尤为紧张。10 月 3 日凌晨开始,连绵不断的雨水让三川河水位开始逐渐上涨,后大成水文站职工在站长的带领下各司其职,紧张有序地开展测验工作。雨势不减,与洪水对战的决心和信心也毫不减退。这两天,刘瑞华冒雨测验几乎已经成了常态,测流取沙时虽然身着雨衣,但大雨还是透过雨衣缝隙,与汗水一起浸湿了衣衫。

10 月 3 日夜晚,后大成水文站院内灯火通明,全体职工无人入眠,打起了十二分的精神,时刻准备着投入夜间的测验工作。4 日 0 时刚过,就开始了新一天的测验工作。倾泻而下的雨水浇不灭水文人与洪水博弈的精神火焰,洪水冲不垮水文人的责任与担当。此时,已连续工作多时还未来得及休息的刘瑞华却还是强打起精神迅速穿好救生衣、拿上对讲机和秒表,冲向吊箱,安装好流速仪后一跃而上,随着对讲机里刘瑞华一声洪亮的"走!",又一次紧张的雨夜测流工作开始了。冰冷的雨水不断地拍打在他的身上,而他却丝毫不在意,还是专心挥舞着测深杆,不断地将数据通过对讲机传回室内;下着雨的夜晚视线很差,河中湍急的水流裹挟着许多树枝、柴草等杂物从上游不断涌来,刘瑞华凭借着多年的测流经验,避开各种漂浮物打水深、测流速。随着测深杆和流速仪的起起落落、对讲机中一组组珍贵水文数据的报回,此次测流任务逐渐接近尾声。拖着疲惫的身躯回到办公室的他,早已浑身湿透,分不清是汗水还是雨水。此刻的他双眼通红,疲惫不堪,还未来得及有片刻休息就立即投入到下一项工作中。

心中有大家　细节见真情

王卫国,作为一名老党员,同时身兼勘测局司机、应急监测队成员等岗,多年来参加了不少洪水的助测工作。由于大宁水文站的厨师生病请假,加之县城多处遭受水灾,通信网络、自来水等公共设施遭受到不同程度的破坏,导致断水断网,大宁水文站又地处县城郊区,通往县城的部分路段山体滑坡,政府进行了交通管制,所有车辆一律不得出入,致使水文站人员进出非常困难。几日来,站上职工只能啃方便面、喝矿泉水,没有吃到一口热乎的饭菜。当他看到大家因为连续测验而筋疲力竭的样子时,心里暗自计划给大家做顿可口的饭菜。为了实现这个想法,他独自驱车前往县城采购。在交通管制路口,还与当地政府人员沟通一番,费尽周折才得以出入。回到站上,他默默更换了水泵,解决了全站吃水难的问题后便一头扎进了厨房。王卫国平日在家里就是做饭的一把好手,顷刻间,厨艺精湛的他便将一盘盘香喷喷的饭菜端上了饭桌。围坐在一起品尝佳肴的欢声笑语驱散了所有人的浓浓倦意,拿手的烩菜更是香味扑鼻,让大家回味无穷,也充满了精神和力量。几日来,有了王卫国这位大厨的悉心准备、精心制作,解决了大宁站吃饭这一大难题,让大家赞不绝口。他的尽职尽责、勇于担当,为大宁站的后勤工作提供了有力保障,让大家以更加饱满的热情和动力投入到紧张的测报工作中。

枕戈待旦冲在前　职工心中好榜样

曹胜利同志,作为榆次勘测局大宁水文站的站长,既是站上的"元老",更是大宁水文站测报工作的主力。参加工作多年来的实践经验让他对断面及洪水情况了如指掌,眼睛一看就对洪水流量心中有数,用手一摸便能预估含沙量大小。大家有时会调侃："洪水来了,派曹站驻守河边,就能实时报送水流沙情况。"

　　10月2日晚,大雨伴随着轰隆隆的雷声如期而至,这使得全站职工都紧张了起来。时间在一分一秒地流逝,雨一直下个不停,水位也在一分一寸地上涨。当日值班人员发现该情况后,立即报告曹胜利站长。3日6时48分水位开始起涨,于当天20时36分涨至峰顶。面对来势汹汹的洪水,曹站长立即组织进行流量测验,这也是他平时最常对大家说的一句话。洪水席卷着漂浮物,以混混沄沄之势一泻而至。面对涨势迅猛的洪流,他时刻注意着每一个细节。职工们上吊箱测验前,他总是不厌其烦地一遍遍嘱咐大家:"进出测站大门一定要注意过往车辆,一定要穿好救生衣,要时刻关注上游水势,注意吊箱高度,规范操作,一定得注意安全!"

　　午夜,值班室电话接连响起,大宁县水利局、应急管理局、县防汛指挥部等政府部门不断打来电话询问实时水情。6日凌晨6时,洪水奔腾而来。曹站长发完起涨报后,立即按照相关要求向当地防汛部门和驻地乡镇通报了水情,并即时答复各方有关水情的询问。6日,接大宁县防汛指挥部电话通知,昕水河支流隰县城川河黄土水库为防止发生溃坝决堤,决定开始泄洪。随后,大宁县水利局局长带领相关部门人员来到大宁水文站,就当前洪量及后期河道行洪能力进行现场了解。曹站长沉着冷静,综合查看上游降水情况做出分析研判,汇报了当前汛情的严峻性,随后政府立即启动了应急响应。该场洪水大宁水文站为当地防汛决策提供了及时可靠的水情信息,履行了防汛社会责任。

　　到 10 月 5 日，大雨还未停止，水位也一直在不断上涨。10 月 6 日凌晨 3 时，曹站长冒雨去断面上查看情况。由于夜间冒雨视线很差，道路湿滑，曹站长不慎摔了一跤，衣服、裤子上沾满了泥水，好在身体并无大碍。6 日 8 时，随着水位开始缓慢下降，已经连续奋战 4 个昼夜的曹站长才稍稍松了口气。

　　在与洪水博弈的过程中，曹站长既是指挥员又是战斗员，他悉心组织，身先士卒。整整两天两夜没合眼的他，催着其他职工抽空赶快休息、补充体力，而他却还是一刻不停地关注着水情变化，一边整理着各项内业资料，一边考虑着下一次测报工作的安排。

　　这次洪水中的工作只是曹胜利站长几十年来的一个掠影。他几十年如一日地驻守在洪水测报主战场，恪尽职守，做主力、争担当、勇作为，带领着全站职工用顽强的意志为防汛把脉，用无私的奉献守卫黄河，用无言的行动守护一方水土，在把黄河建设成为造福人民的幸福河道路上勇往直前。

从容不迫勇冲锋　当好防汛排头兵

　　由于受持续强降雨的影响，大宁水文站水位一直居高不下。根据上级单位及山西省气象局预报，10 月 3—7 日有持续性强降雨过程，局部地区有大到暴雨，临汾市政府多次发布暴雨蓝色预警。此次降水累计达 300 多毫米。黑压压的雨云悬浮在昕水河的上空，汛情即命令，面对涨势迅猛的河流，共产党员杨晋，听到曹站长一声令下，二话不说，穿上救生衣，便与刚参加工作的张裕豪一起快速奔向吊箱安装流速仪，跃上吊箱的两人面对来势汹汹的洪水一点也不胆怯,他们胸有成竹地将吊箱降落到合适的高度。此刻,肆虐的洪水夹杂着折断的树枝、柴草等众多漂浮物奔泻而下,不断冲入早已翻腾汹涌的河流中,那轰轰隆隆的声音在拍打着岸边的同时,也极大地震撼了岸上人们的心,距离洪浪上方仅1.5米处的吊箱正时刻承受着巨大考验。

虽然两个人全身已被汗水和雨水浸湿,但他们还是镇定自若,杨晋用熟练的手法挥动着8米长的测深杆,瞄准位置,迅速插入洪水之中,看准水深后,全力拔出水面。接着,他下放流速仪,张裕豪看秒表、掐时间,用心聆听并记录着每一个流速信号数。可是此时,洪水中的水草还要再添一重阻碍,水草死死地缠在流速仪旋桨上不肯下来,每测一条垂线,张裕豪都要在吊箱上用钩子除掉水草,使流速仪正常运转后再下入水中,如此重复,艰难地完成一条又一条垂线的施测。期间,杨晋还要挥舞着采样器按规范要求测取泥沙,并将水样迅速倒入沙桶中。他沉着冷静、娴熟地完成了这一系列动作。下吊箱后,他说:"2012年我在吴堡水文站主管流量,亲手测过黄河'7·12'10 600立方米每秒的洪峰流量,怎么感觉测这场洪水的难度远超出我的想象。"此时,水位已经再次上涨,他们还没有喘息的机会就要开始下一次的流量测验……

防汛第一线,永远闪烁着水文人的身影。水情就是命令,河边就是战场。防汛工作直接关系着沿黄两岸人民群众的生命财产安全,全体黄河中游水文人牢固树立人民利益高于一切的思想,本着对党负责、对人民负责的原则,在严峻的汛情面前,放弃休假、严阵以待,舍小家为大家,奋不顾身冲锋陷阵,打好了秋汛这场硬仗,彰显了水文人的无穷力量。

（撰稿人：谢秉豫）

如果信念有声音

——黄河水利委员会水文局全力 迎战 2021 年秋汛洪水

黄河水利委员会水文水资源局办公室

8 月下旬以来,西北太平洋副热带高压异常偏强,沿副高边缘北上的暖湿气流与频繁南下的冷空气持续在黄河中下游地区"打招呼",冷热相激,凝气成珠,出现了连绵不断的秋雨。

雨若不止,洪水必起。

受降雨影响,9 月 27 日,黄河同一天出现 2021 年第 1 号、第 2 号洪水;渭河发生 1935 年有实测资料以来同期最大洪水,伊洛河、沁河发生 1950 年有实测资料以来同期最大洪水。

从气流带动云团在天上变化的那一刻起,黄河水文人就追踪着它们的脚步,直到化云为雨,汇流成洪。每一个节点、每一个数据报出的背后,都有着黄河水文人坚守测报的身影。

衣带渐宽终不悔 为"河"消得人憔悴

预报黄河潼关水文站 27 日 16 时达到 5 000 立方米每秒流量,实况为 27 日 15 时 48 分流量 5 020 立方米每秒,形成黄河 2021 年第 1 号洪水。

预报花园口水文站 27 日 22 时前后达到 4 100 立方米每秒流量,实况为 27 日 21 时流量 4 020 立方米每秒,形成黄河 2021 年第 2 号洪水。

提前 2 天预报黄河潼关水文站 29 日洪峰流量 7 500 立方米每秒,实况为 29 日 23 时洪峰流量 7 480 立方米每秒。

预报渭河华县水文站 28 日 20 时洪峰流量 5 100 立方米每秒并发布渭河下游河段洪水橙色预警,实况为 28 日 19 时洪峰流量 4 860 立方米每秒。

……

基于一线实时监测数据的精准预测预报,一份份从黄河水利委员会水文局(简称黄委水文局)接连发出。它们为水文站合理布设测次、科学开展测报打出提前量,为黄河防洪精细调度提供了及时准确的水文信息支撑。

"这是我工作 36 年以来,水文测报面临的前所未见的挑战。"黄委水文局副局长霍世青表情凝重,一句话道出今年秋汛洪水形势之严峻。

2021 年汛期,自 7 月 11 日沁河洪水发生以来,水文水资源信息中心(简称中心)的预报员已连续作战近 3 个月,每个人的精神和体力都经受了一场又一场磨炼。中心主任王春青说:"今年秋汛来得早,持续时间长,降雨强度大,覆盖区域广,场次洪水多。面对复杂形势,中心全体职工发扬水文吃苦耐劳、连续奋战精神,水文气象预报员不分昼夜、熬夜加班,连续预测预报,中秋节更是全员在岗,密切关注天气形势及雨水情,及时滚动发布会商预报成果,同黄委防御局高频次开展预报调度交互,精准控制黄河下游河段流量过程。"

26 日晚,又是一个不眠夜。已经是 21 时了,会商了一整天,水情预报员的声音依然清晰有力,还在讨论编号洪水可能出现的时间。

"渭河华县水文站现在已经是 3 230 立方米每秒的流量了,潼关水文站明天流量肯定到 5 000 立方米每秒。"

"看一下综合信息平台上水位流量关系线,华县水文站到洪峰没有?"

"目前看没有,后续还会再涨。"

"按照以往数据推算,有可能潼关水文站明天 16 时前后就出现 5 000 立方米每秒洪水。"

"行,先把这个预报发出去,我们再继续讨论花园口水情……"

一番讨论结束,预报员继续开展进一步的预报模型计算。

作为一名共产党员,水情室主任范国庆在工作中充分发挥冲锋带头作用,主动承担更多的工作任务,带领水情室全体人员坚守岗位、全力以赴做好预测预报。凌晨,预报员终于能够轮换休息一会儿,他仍在伏案制作马上要去黄委会商汇报所用的材料。

"仅 26 日一天,就发布了洪水预报 10 期,水情预警 4 期,日常化洪水预报 23 站次,手机短信发送预报 2 万余人次,接收全河雨水情信息 10 万余条。"范国庆简单介绍了洪水期间一天的工作内容,"我们要密切关注天气形势及雨水情,预测预报黄河流域各站未来洪水情况,随时准备制作发布预报通报。陆浑、故县、河口村 3 座水库入库流量过程 2 小时滚动预测一次,同时根据水库调度方案随时计算预报黑石关、武陟及花园口水文站可能出现的流量过程;滚动预报制作潼关水文站、潼关至小浪底区间、小浪底至花园口区间未来 7 天日均流量;每小时通过微信群向领导报告一次黄河重点水文站和水库最新水情,这些实时水情能为我们的预报提供最重要的基础支撑。"

不论黑夜白天,每隔几分钟,最长不过 1 小时,就会听到黄委水文局防汛群"嘀嘀"的消息提示音,打开一看,正是滚动发布的最新气象、水情预报消息。为准确测报这场洪水,中心的同志仿佛铁人一般,不怕苦、不觉累,倾情付出。

然而,哪有钢筋铁骨的超级英雄,只因心甘情愿背负责任,才拥有了无穷的勇气和力量。对于工作和坚守,范国庆有自己的理解:"今年是建党 100 周年嘛,我们经过了那么长时间的党史学习教育,更加坚定了要不忘初心、牢记使命。黄河安澜影响着人民的幸福生活、国家的繁荣昌盛,我们作为防汛的'参谋'和'耳目',夜以继日监测预报,能够换来大河的稳定安宁,这是我们的荣幸,纵使再辛苦、再憔悴,心里也觉得值!"

携手为祖国河山 同心护国泰民安

洪水茫茫,浊浪滔天。

自接到黄委水文局关于潼关水文站即将出现黄河 2021 年第 1 号洪水的预报后,潼关水文站水情室内气氛紧张而严肃,各项工作有条不紊地开展。

潼关水文站是黄河、渭河、北洛河洪水交汇后的控制站，也是三门峡水库的入库站，承担着为黄河防汛和三门峡水库调度运用等提供水情信息的重要任务。这里的测验河段为宽浅游荡型河道，主流常有摆动，潼关水文站只能用测船测流。可现在，长期的降雨，使近 400 米长的上船道路布满泥泞，车辆根本无法驶入，登上测船成了每天测验的一大难题。外业测验人员肩扛手提测验设备，顶风冒雨艰难跋涉，往往一脚踩下去，淤泥就没到了小腿。

尽管困难重重、连续作战，潼关水文站职工对于战胜洪水依然信心十足。站长张同强表示，先进的设施设备、完善的测报方案是迎战洪水的底气。近年来水文测报能力不断提升，称重式雨雪量计、ADCP（声学多普勒流速剖面仪）、RG-30 雷达在线测流系统、无人机测流系统、无人船测流系统、同位素测沙仪等仪器设备为潼关水文站施测降水、水位、流量、含沙量等提供了重要支撑。该站也紧抓洪水测报时机，积极开展高量级洪水下先进仪器比测数据积累工作。

就这样，乘着高科技的翅膀，靠着水文人一场又一场的抢测，终于完整控制了黄河 2021 年第 1 号洪水过程！

河流迅且浊，汤汤不可陵。

28 日，位于渭河入黄把口位置的华县水文站水位仍在上涨。洪水使华县水文站测验断面河段发生大面积漫滩，原本采用吊船、微波流速仪、ADCP 完成主槽测验即可，现在却要加派人手驾驶操舟机测验滩区流量。

雨一直下，测验频次加密，吊船上的测验人员从前一天开始就没有下船，持续测验着断面流量。滩区内，测验人员乘坐小小的操舟机来回穿梭,与船上的兄弟一起并肩奋斗。雨水灌进雨衣、雨裤里,本就不透气的衣裤愈发闷热,夹杂着汗水,衣服里里外外已经湿透。没有雨伞和遮雨棚,操舟机里也积了不少水。然而,风雨中的测验人员依然英勇无惧,对讲机传来的声音也无比坚毅:"加把劲儿,咱们继续干,下午可能会出现 4 700 立方米每秒的洪峰。"再次抹掉脸上的雨水,他们驾驶小船,继续逆浪而行。

而下游的花园口水文站,也有一群人在为了同一个目标,携手作战。

作为黄河冲出中游峡谷后进入下游平原的把口控制站,花园口水文站的实测数据直接影响下游防汛抗洪的决策部署,其重要性不言而喻。

自 9 月 27 日 19 时起,花园口水文站已将报汛频次提升至 1 小时一次。大家根据水位流量曲线及水位计的实时变化,推算出花园口控制断面的即时流量并上报。这些数据经过总结分析,又为下一步的洪水预报及科学测验奠定了基础。

为更准确、更高效地测得流量,除传统的铅鱼流速仪外,花园口水文站还添置手持流速仪和 ADCP,将单次水文测报的时间由 2 小时以上缩短至 20 分钟左右。站上职工驾驶冲锋舟迎着洪流而上,橘红色的身影在河面跃动。

无论华县、潼关、花园口,还是黑石关、小浪底、武陟……黄河中下游众多重点站水情拍报均上升为 6 级二十四段制,每小时就要报一次汛,休息成了一线水文职工最奢侈的事。所有人员都带着对水文工作的热忱,带着对万家灯火的祝福,恪尽职守、坚持奋战。

　　他们坚守的地方,一边是河水,一边是家园。黄河 2021年第 1 号、第 2 号洪水还在向下游演进。河堤上,身穿"黄河防汛"字样马甲的人在劝村民不要登上大堤。村民不解,明明一切风平浪静,未见洪灾,如何不让通行? 却不知,正是有这样一群人,甘愿克服困难、牺牲小我,奋斗在一线、逆行在人群,才换来家园的岁月静好、大河的安澜永驻。

　　根据气象预报分析,国庆假期黄河流域中下游仍有持续大范围降雨过程,防汛形势异常严峻。黄委水文局全体职工正坚守岗位,发扬黄河水文精神,以实际行动践行"两个维护",坚决打赢黄河水文测报攻坚战。

　　古有大禹理百川,儿啼不窥家。今有黄河水文人,坚守护大河。看《长津湖》,你会感叹,正是先烈们的牺牲奉献才为我们换来今日的美好生活。而看到黄河水文人,你会明白,在今日,仍有这么一群人,为了一个信念,为了一个使命,携手为祖国河山,同心护国泰民安。

　　他们说,如果信念有颜色,那一定是中国红。我想说,如果信念有声音,那一定是黄河水文人的心声。他们用实际行动,坚守一线、无怨无悔,为祖国献上最真挚的祝福!

（撰稿人:陈毓莹）

守　护

——黄河水利委员会水文局全力
迎战沁河暴雨洪水记

黄河水利委员会水文局办公室

"22 日 21 时,山里泉水文站出现 1 430 立方米每秒的洪峰流量,半个月内一楼站房第 3 次被淹。"

"23 日 2 时 12 分,洛河石门峪水文站洪峰流量 656 立方米每秒,为 1956 年建站以来最大流量。"

"3 时 12 分,沁河武陟水文站洪峰流量 1 510 立方米每秒,为 1982 年以来最大,出现超警戒水位。"

"10 时 12 分,河口街流量 2 040 立方米每秒,水位还在上涨,这是历史记载以来的最大洪水!"

"18 时 54 分,卢氏水文站洪峰流量 2 610 立方米每秒,为 1951 年建站以来最大流量。"

……

沁河涨水!伊洛河涨水!黄河流域河南测区的 27 个水文站,站站都在经历洪水的考验。"历史最大流量""建站以来最大流量"等水文数据不断在各站中测出上报,作为水库调度和疏散群众的重要参考依据,纷纷发送到各地相关防汛决策部门手中。

7月22日,沁河支流丹河发生局地强降雨。此时"7·20"洪水还在河道演进,暴雨叠加,且局地强降雨洪水具有强度大、历时短、洪水陡涨陡落的特点,因此及时准确的预报至关重要。短短两天时间内,水文局局长马永来、副局长霍世青主持召开水情气象会商9次,参加黄委防汛抗旱会商5次,制作发布暴雨洪水预估预报预警共9期、降水实况共24期,第一时间向沿岸地方政府通报雨水情变化,要求认真做好洪水防御及避险减灾工作,保障防汛安全。

22日12时30分,综合考虑当前雨水情及未来降雨情况,黄委水文局发布沁河水情预估,预计22日15时前后丹河山路平水文站将出现1 000立方米每秒左右的洪峰流量。随后,预报员们还未顾得上喝口水,又紧接着投入到了对沁河河口村水库的入库洪峰及入库水量的分析中。

15时12分,山路平水文站出现1 020立方米每秒洪峰流量的洪水。而黄委水文局此次强降雨洪水的准确预报,为防汛调度争取了宝贵的时间。

黄委水文局紧盯沁河河口村水库入库、武陟站洪水流量等重点预报环节,滚动分析研判雨水情,超前预测洪水趋势,22日16时发布沁河水情预报和武陟水文站洪水预报。预报显示,作为河口村水库入库站的山里泉水文站,将于当日20时前后出现洪峰,并且洪水会再次淹没一楼。

很快,山里泉水文站内,接到洪水预报的宝拥军、刘轲、车晨曦三人立刻行动起来,收拾好所有的应急物资、食品、测验仪器,向山上安全地带转移。所谓的安全地带,其实就是附近的村子,这里的村民已经安全撤离,整个空荡荡的山谷,只剩下他们3个人,在暴雨中坚定前行。

山里泉水文站是位于山西省和河南省交界的省界断面巡测水文站,"7·11"那场洪峰流量高达3 800立方米每秒的洪水将这里原有的在线监测设备损毁殆尽。大家只能想方设法从水路、陆路运输新设备进来,并重新设置电子水尺,尽力修复仪器,全力保障测验工作。为了确保测验精度,把握测验时机,安置好物资的3个人,带着之前肩扛手提运进来的测验仪器和手电筒,穿上救生衣,打着伞再次来到河边。他们每隔几分钟就打开手电筒看一次水位,生怕错过洪峰,280.55米、281.03米、281.54米……河水几乎以每小时50—60厘米的速度暴涨,翻涌的浪花不时打到脚面上。

夜色缓缓笼罩山谷,在越发深沉的黑暗中,他们观测到水位在281.79米维持了将近十分钟未变化,老站长宝拥军当机立断判定洪水峰顶出现,他和车晨曦立即采用MRV雷达测流系统抢测洪峰,刘轲则在外边盯着河道水势,为他俩的安全保驾护航。

半小时后,1 430立方米每秒的洪峰流量顺利测出!

"宝站长,咱们手机又没信号啦!"

"你们保护好测验资料和仪器赶紧撤,我去发报!"

此时的山里泉,依然处于断水、断电、断网的状态,好在有了上次送进来的卫星电话,宝拥军一路小跑到山上,采用卫星电话发报,成功将实时水情发出。另一边,刘轲和车晨曦则靠着手电筒微弱的亮光认真点绘图纸、修正报汛曲线。同时,接收到水情的黄委水文局正将信息同步报给河南省济源市和山西省晋城市的防汛指挥机构,为沁河两岸政府的防汛决策提供可靠依据。

洪水一路翻腾咆哮,进入河口村水库。为保防汛安全,河口村水库决定加大下泄流量,从 500 立方米每秒加到 800 立方米每秒,并在 23 日 11 时起按 900 立方米每秒下泄。

水库不断增大的下泄水量,给位于出库把口位置的五龙口水文站带来了不小的压力。由于五龙口水文站站长宝拥军仍在山里泉坚守,为能够把握测验时机,合理布置测次,确保测验质量,小浪底勘测局的预备队员们提前驻站支援,河南水文局六级职员薛晟、小浪底勘测局局长吴岩及曾经在五龙口待过 4 年的老站长陈海江也来站协助开展测报工作。

"我们这里是坝下站,水头持续时间很短,往往是水涨得快,落得也快,所以我们在特殊情况下,就会采用 30 秒抢测洪峰法,这样才能及时测到洪水涨落过程。"小浪底勘测局技术科负责人杜明岗接到测验通知,来不及吃完饭,放下碗筷,再次冲向测验站房。前两天刚从山里泉撤出到五龙口站上的他,已经大半个月没有回家了。家里房子因为暴雨漏了水,他也没能回去修,只能让已经进入预产期的妻子先搬到娘家住。"我们家淹成啥样我都不知道啦,但是这边测验任务真的很重要,大家都在为了防洪安全并肩作战,我是共产党员,更应该冲锋在前。"

倾盆大雨中,他们完成了抢测洪峰的任务。1 010 立方米每秒! 这是自河口村水库建成运用以来,五龙口水文站测得的最大断面流量。回到报汛室,被雨水淋湿的衣服来不及换下,他们就赶紧在流量记载表上计算数据。受强降雨影响,五龙口的内网线路中断,报汛软件无法登录,只能采用手机报汛。在杜明岗等测验人员校核之后,预备队员谢丽在防汛群里输入报文,按下了"发送"键。

此时,食堂饭桌上他们吃了一半的饭菜,已经凉透了。

另一边,沁河下游武陟水文站站长陈志远,做好了度过他最近一周以来第四个不眠之夜的准备。

"刚开始我们是 4 段制报汛,就是每隔 6 小时报一次水情。到 19 号晚上就变成 1 小时一报,20 号改成 2 小时一报,22 号又变成 1 小时一报。"陈志远的脸上虽有倦意,却两眼炯炯有神,"内业报汛是我及三个女生轮班,我是站长,又是党员,所以夜间会一直在这值班,白天实在顶不住了再让其他人来帮忙盯一会儿。"

站上职工加上预备队员一共 10 人,大部分是"90 后",在这样长时间"白加黑"、连轴转的高强度工作下,他们年轻稚嫩的脸上依然朝气蓬勃。

武陟水文站是沁河下游的防洪标准站,距离沁河入黄口仅仅 20 余公里,附近没有水库能够调控洪流。这里的沁河河段已经成为和黄河一样的"地上悬河",水面高出坝后房屋足足 7 米,因此武陟水文站水文测报资料的重要性不言而喻。

"武陟水文站非常重要,但是这次我们的测验工作却遇到了困难。"洪水来势汹汹,河水漫滩,原本宽度 100 来米的河面已经涨到了 1 000 多米,早已超过测流缆道范围,滩区的流量测验难度大大增加。

面对渐渐上涨的水位,大家集思广益,完善汛前制订的测报预案,由测验人员站在断面下游的桥面上,用牢固的绳索拉着流速仪入水进行测验,为避免被水流影响测验角度,在流速仪下方悬挂一个 10 千克重的铅块,这样的重量带着流速仪笔直垂入河水。同一测点用雷达测速枪开展比测试验,能够进一步保障测验的准确度。然而,吊着 10 千克重的仪器上下拉动十几米不是易事,退伍军人周志成主动请缨,利用桥测法顺利测得滩区流量。

凌晨 2 时,武陟水文站上灯火通明。楼顶的探照灯犹如一道闪电,照亮了宽阔的河面。在所有外业人员全力配合下,主槽测验与滩区测验正同步展开。一个半小时后,他们胜利归来,身上不知是汗还是雨,已经湿透了衣背。忙碌一晚上的他们将宝贵的数据报发给上级和地方政府,紧绷的精神还来不及放松一下,就又要投入到下一次测报中。因为早上洪水回落的时候,还有新的测验任务等着他们哩!

洪水仍在持续,每一个水文站上都奏响了一种永恒的旋律。观测水位、研判水情、紧张测验、校核报汛曲线……

每个人都在自己的岗位上拼尽全力保障水文测报的质量。与此同时,全局上下所有职工都关注着他们。看到山里泉由于缺少饮用水,职工们只能去喝石缝里渗出的河水,局里想方设法配了净水器送进去;武陟水文站没有足够的床位,大家只能睡沙发或打地铺,局里连夜送去折叠床;五龙口内网中断,技术人员急忙奔赴一线去检查整改问题;山里泉道路再次因塌方中断,一声呼唤,微信群里 40 余人争先恐后报名接龙去运送物资,他们中间有共产党员,有入党积极分子,有业务骨干,也有新进职工,每一个数字后面的人名,就像一份投名状,书写着黄河水文人不畏艰难、并肩抗险、携手前进的决心和热血。

水势稍缓,一支近 20 人的志愿小分队向着山里泉出发了,他们负重几十斤物资,在烈日下徒步 4 小时到达水文站。阳光下,胸前的党徽耀眼,身后的党旗猎猎,每张淌满汗水的脸上都洋溢着成功的喜悦。

而另一边,恰逢新乡灾情严重,测报压力减轻的花园口水文站更是组织志愿者带着冲锋舟,发挥水文人的特长,支援新乡抗洪救灾……

大爱无疆,众志成城。谈起 7 月以来的高强度工作经历,或许用他们自己的话,更能表达水文人的心声。

"咱们水文人就是特别能吃苦,面对工作一丝不苟,面对困难积极克服!"

"特殊时期嘛,工作为重。"

"缺水断电,经常没网,吃的只剩泡面,喝的水带沙,洗头靠雨水,洗澡是奢望。可是再怎么困难,我都觉得能把洪峰测到,辛苦也值了。"

……

一曲赞歌,唱不尽黄河水文人的情;一篇长作,书不尽黄河水文人的魂。在一场又一场暴雨洪水中,水文侦察兵们用实际行动诠释了黄河水文精神,筑牢了防汛抗旱救灾减灾的根基!

洪水不退,水文无休!我们,一直在为守护而战斗!

(撰稿人:陈毓莹)

致胜万里山河间

黄河水利委员会新闻宣传出版中心黄河报社

雷云之下,暴雨频倾;洪峰迭起,巨川浪奔。

对 4 万余黄河人而言,2021 年的秋天不同以往。

今年秋季,黄河中下游遭遇新中国成立以来最严重的秋汛,8 轮秋雨连番登场,黄河干流 9 天内出现 3 次编号洪水,潼关水文站洪峰流量高至 8 360 立方米每秒,小浪底水库出现建库以来最高水位,下游河道大流量洪水过程持续超过 35 天。

2021 年,恰逢中国共产党建党 100 周年,黄河防汛安全不容半点差池。

面对来势汹汹的秋汛洪水,黄委党组带领各级干部职工,从百年党史中汲取智慧和力量,弘扬伟大建党精神,唱响"人民至上、生命至上"的英雄壮歌,坚持"防住为王",锚定"不伤亡、不漫滩、不跑坝"的防御目标,第一时间冲锋至黄河秋汛洪水防御的战场上。

身前,是滚滚不尽的激浊洪流;身后,是国泰民安的万家灯火。而我们,永远选择挺立在洪水和人民之间。

这个毅然的时刻,每一位黄河人,都是劈波斩浪的英雄!

战斗,会非常艰苦,但我们必将致胜万里山河之间!

洪起：滚滚秋水闯山隘　黄河铁军迎峰来

2021年，黄河流域伏秋大汛暴雨洪水过程猛烈频繁，次数之多、过程之长、雨区重叠度高、量级之大极为罕见。

8月下旬到10月上旬，多场次明显秋雨过程连绵笼罩黄河流域上空，支流渭河、伊洛河、沁河均发生9月份有实测资料以来同期最大洪水，汾河、泾渭河、北洛河发生10月份有实测资料以来同期最大洪水，三门峡至花园口区间、大汶河累计降雨量较常年同期偏多2到5倍，累计面雨量均列1961年以来同期最高值。

超量雨水急遽汇流，八方入黄，灌河成洪。

自9月27日起，2021年黄河第1号、第2号、第3号编号洪水接踵而至。9月下旬至10月上旬，黄河潼关水文站径流量99.3亿立方米，较多年同期均值偏多1.1倍。

黄河罕见秋汛，引起党中央、国务院的高度重视，习近平总书记对防汛救灾工作作出重要指示，李克强总理作出重要批示，胡春华副总理、王勇国务委员就黄河秋汛洪水防御作出批示。

汛情就是命令，防汛就是责任！

面对从汾渭峡谷一路"闯关夺隘"汹涌而来的猛烈洪水，黄河人心怀"国之大者"，又一次为保护人民生命安全披甲出征，豪迈应战！

应战罕见黄河秋汛，黄委深入贯彻落实习近平总书记关于防汛救灾工作的重要讲话指示批示精神，认真贯彻中央领导关于秋汛洪水防御的重要批示,按照李国英部长检查指导黄河下游秋汛防御工作时提出的明确要求,坚持"人民至上、生命至上",第一时间排兵布阵、统筹部署,以如临深渊、如履薄冰的态度,持续绷紧黄河秋汛防御弦。

自7月主汛期以来,黄河防汛调度中心终日灯火通明,黄委按照汛期会商要求,每日召开会商会议,持续滚动分析研判雨情、水情、工情,密切跟踪监测洪水演进,及时启动应急响应并视情提升响应等级。向沿黄省(区)防指、水利厅及河务部门发出通知,通报汛情,安排部署洪水防御工作,始终保持防御力量到位、防御责任到位、防御措施到位。截至10月27日,黄委共召开防汛会商会议122次,发出防汛简报38期、调令247份、通知222份。

从黄河下游干流堤防到黄河最大支流的渭河堤防,从小浪底、三门峡到故县、陆浑,从险工险段到水文断面,秋汛发生以来,黄河防总常务副总指挥、黄委主任汪安南在主持防汛会商间隙,深入一线,直达防汛最前沿,查河势、看工情。黄委领导苏茂林、薛松贵、牛玉国、李文学、孙高振、周海燕、徐雪红,黄河工会主席王健深入一线、靠前指挥。7个综合督导组分赴河南、山东,驻扎抗洪抢险现场最前线,33个专业技术指导组、工作组不间断巡回督导。1 870名各级机关干部下沉防汛一线,参与基层洪水防御工作。

秋汛防御任务艰巨、旷日持久。黄河人错过了中秋的花好月圆、错过了国庆的举国欢腾,却不曾错过任何一场与洪水"短兵相接"的较量。

汛情发生以来,黄委全体干部职工尽锐出击、连续作战,从机关部门到基层一线,放弃轻松愉悦的假期与家人分离,在风雨交加的大堤上与同事"团聚",他们无惧惊涛骇流,对祖国和人民大声宣誓——

"黄河有我,请您放心!"

"洪水不退,我们不退!"

黄河人坚守在澎湃大河的两岸,他们中有在洪水中度过防汛成人礼的"治黄萌新",有身先士卒中流砥柱的中坚骨干,有老当益壮经验丰富的"老黄河",有刚柔并济铿锵绽放的"巾帼红",还有共守安澜的"父子兵"和并肩御洪的"黄河伉俪"……

他们不松懈、不轻视、不大意,把"团结、务实、开拓、拼搏、奉献"的精神,贯穿于每一次运筹帷幄的防汛调度间,运行在每一轮智慧赋能的模型运算上,倾注在每一次逆风踏浪的水文测验中,镌刻进每一夜灯火通明的长堤守望里。

他们勠力同心,众志成城,共同筑就了防汛抗洪的坚强屏障!

鏖战:五库吞川势如虹 精调方显"绣花"功

为保证黄河下游河道平稳泄水、滩区群众安全,加强水工程调度,是黄河中下游秋汛防御的关键举措。

战鼓催征,汛来点将。黄委第一时间布局谋阵,干流小浪底水库、三门峡水库,右岸支流伊河陆浑水库、洛河故县水库,左岸支流沁河河口村水库,和声应战。

五大水库吞川纳洪、滞洪削峰,在一轮轮与洪水的博弈中,护佑黄河中下游的沃野千顷和百姓黎黎。

100亿立方米洪水,此为小浪底、三门峡水库能够"吃下"的洪量,另外,陆浑、故县、河口村水库合计还有10亿立方米的"肚量"。

110亿立方米——这是在应对这场历史罕见秋汛中,可供黄委"辗转腾挪"的全部水库库容。

面对超常巨量洪水,一方面,水库库容是有限定量,考量枢纽大坝及库区安全,不可能把上游来水全部吃到小浪底水库"肚子"里;另一方面,又要在最大限度拦洪、削峰、错峰的同时,确保下游河道承载能力和滩区人民安全,也不能随意把洪水排出去。既要审时度势,又要统筹平衡,这是一个复杂、系统、科学的决策过程。

水库调度的另一个难题来自自我加压——黄河下游滩区生活着189.5万群众。郑州花园口流量一旦超过5 000立方米每秒,下游就会漫滩,不仅黄河大堤安全难以保障,更会对滩区工农业生产、群众生命财产安全构成极大威胁。

因此,在此次洪水过程中,黄河干支流五大水库联合调度、精细调度、科学调度是"艰难但必要"的选择。

如何既"精"又"准"做好调度、算清"洪水账",确保人民群众生命财产安全,成了此次秋汛洪水防御工作的重中之重。

难行的路是上坡路,难开的船是顶风船!

黄委全力投入、审慎思虑、决断胆魄,走稳战胜洪水、保家为民的制胜一着——

"所谓'精',就体现在对黄河干支流水库精准、精细、精确的调度上,可以说是'一流量一立方一厘米'调度,下足了

'绣花'功夫。"黄委防御局局长魏向阳告诉记者,在整个秋汛调度过程中,黄委锚定防御目标,实施了最为精准的实时调度。

汛情发生伊始,黄委立即成立以"预报、预警、预演、预案"为抓手,由黄委防御局、黄委水文局、黄河设计院、黄科院精兵强将组成"防御大洪水方案组"。这些专家团队是黄河洪水的最强"精算师""智囊团",对流域水雨情进行实时滚动预报,对洪水演进过程进行滚动精细推演和模型方案分析。

"我们每 2 小时滚动修订水库调度方案一次,以时段 30 分钟、50 立方米每秒流量为调度控制单元,经模型预演、交互调算、专家分析后,给出水库调度建议,提交黄委领导调度决策。"黄河设计院规划院水文泥沙所副所长李荣容说。

在防汛调度决策中,"智慧黄河"的技术加持,让调度方案制订如虎添翼,整个过程更加精准、快速、高效。黄委研发的黄河中下游三门峡、小浪底、陆浑、故县、河口村水库五库联合防洪调度系统,可与预报数据耦合进行实时调度计算,增加数据模型计算精度;洪水调度情景展示平台及洪水风险管理系统,可以实时跟踪雨水情势,分析不同量级洪水河道演进时间。

秋汛洪水防御期间,黄委还最大限度挖掘了干支流刘家峡、万家寨、张峰等水库的防洪运用潜力,及时动态调整三门峡、小浪底、陆浑、故县、河口村水库下泄流量,凑泄花园口水文站流量在 4 800 立方米每秒左右,控制小浪底水库水位不超过 274 米运用,并尽最大努力缩短小浪底水库在 270 米以上运用时间。充分利用河道泄流能力和干支流泄水时间差,错峰补偿调度,解决东平湖水库、金堤河排水入黄难题。

通过"绣花"般精巧的水库联合调度,本次秋汛洪水防御全过程成功避免了黄河干流和支流洪峰叠加,也避免了下游漫滩和由此引起的对黄河大堤的威胁。

"如果没有小浪底水库为主的水库群拦洪削峰滞洪,根据复盘推演,此次洪水过程,花园口水文站将会出现两次 10 000 立方米每秒以上量级洪水。"黄委水文局副局长霍世青分析。

精细、精确、精准的水库联合调度,为战胜罕见秋汛洪水赢得了更多的时间和空间。

决胜:苍茫大河波浪宽 英雄如山挽狂澜

10 月 5 日,雨歇天晴,随着黄河 2021 年第 3 号洪水的生成演进,秋汛防御战转为最严峻的防守阶段。

长历时、高水位、大流量！洪水导致河南、山东黄河防洪工程出险概率不断增加、防守压力成倍增大,加之长时间坚守"人困马乏",黄河下游河道工程面临着最严峻的考验。

国家防总副总指挥、水利部部长李国英在检查指导黄河下游秋汛防御工作时指出,面对艰巨繁重的防御任务,沿黄各级党委、政府和各有关部门全力应对,实现了防汛行政首长负责制从有名向有实有效转变,防御力量从专业单元到群防群治的拓展,防御任务从总体要求到责任落实的细化,防御措施从被动抢险到主动前置,防御目标从险工险段到全线全面的延伸等五个方面的重大转变。

隶属郑州河务局防守的黄河花园口,是下游黄河大堤的起始点,防汛地埋位置异常重要。

10月10日傍晚,秋风萧瑟、洪波未消,但黄河花园口段灯火璀璨的黄河堤防却让人心安神定。71千米堤防宛如一条发光长龙,卧波大河之侧,镇守一方安澜。为加强秋汛巡查防守保障,郑州河务局积极协调国家电网,在靠河工程架设照明线路,759盏照明灯、27台应急照明车,让黄河郑州段堤防实现全线照明。

明亮灯光下,是一派热火朝天的战汛景象。河务、群防队伍以1:3的比例上足巡查人员,在河务部门技术人员指导下,24小时加强薄弱堤段和险工险段巡查;领导干部靠前指挥,专业防汛机动抢险队和大型自动化抢险设备高效有序,加紧对大溜顶冲、靠溜紧和根石走失严重坝垛进行除险加固;应急保障部门会同地方政府,结合抢险需要,加快石料、铅丝等抢险料物的采运、补充,避免出现没有备防石的"空白坝"。

离开河南境内,滚滚洪水涌入山东黄河河段。

黄河干流、大汶河、金堤河"三河涨水""峰峰相叠","三线作战"的考验扑面而来,防御工作开展得异常艰难。

面对严峻复杂的秋汛防御形势,山东河务局全局上下尽锐出战、义无反顾。积极加强"预报",动态预测黄河干流、东平湖、金堤河各断面流量和水位表现;创新"预警",通过抖音等新媒体,发布预警信息短视频,提高预警信息的即时性和接受度;智慧"预演",全面推广移动防汛指挥调度系统,"智犇安澜"号防汛移动新基站大放异彩;强化"预案",进一步细化实化防洪预案、抢险方案,确保"实际、实战、实用"。

如果说做好"四预"文章是提前出击的阵前歼灭战,牢牢守住大堤安全,则是"以守为攻"的主动防御之道。

河务部门和沿黄各县(区)领导干部一线指挥,3.3万名抗洪抢险人员河地联合,驻守一线,分包坝段,2 722多台(套)大型抢险设备集结待命。截至10月30日12时,河南、山东两省对213处工程、坝裆进行了抛石加固;共完成黄河下游276处工程的3 597次抢险任务,抢险用石80万立方米。

抗洪抢险关键时刻,党旗插在哪里,阵地就在哪里! 鲜红的党旗,在防御黄河秋汛洪水一线高高飘扬!

黄委直属机关党委向全河各级党组织和广大共产党员发出倡议:恪尽职守、英勇奋斗,坚决打赢这场黄河秋汛洪水防御硬仗!

全河各级党组织和全体共产党员闻汛而动、闻令而上,把防御黄河秋汛洪水作为砥砺初心、牢记使命的主阵地,带动广大职工严防死守,争当抗击黄河秋汛洪水的铁军勇士。

"我们身在红色兰考,抗洪抢险、冲锋在前是我们义不容辞的责任!"

"把党旗插在坝头上,让沿黄百姓看到咱们共产党员的身影,心里踏实!"

"请组织派我到一线参与防汛工作! 我将无条件服从命令,冲锋在前,坚决完成任务!"

"我是一名老黄河,也是一名老党员,防汛必须算我一个!"

"入党誓词不是说说而已,关键时刻,就要履行承诺,冲锋一线!"

……

危急时刻,挺身而出的党员干部,就是百姓的"宽肩膀""主心骨"。整个秋汛防御期间,全河共产党员始终牢记初心使命,战斗到抗洪抢险取得全面胜利的那一天。

10月20日—22日,习近平总书记亲临黄河视察,在山东济南主持召开深入推动黄河流域生态保护和高质量发展座谈会。强调要"加快构建抵御自然灾害防线。要立足防大汛、抗大灾,针对防汛救灾暴露出的薄弱环节,迅速查漏补缺,补好灾害预警监测短板,补好防灾基础设施短板。"

如山厚望!殷殷嘱托!是鼓舞,更是奋进的力量!

10月27日,黄河入海前的最后一站,利津水文断面流量由最高5 220立方米每秒降为1 990立方米每秒,汹涌洪水波涛渐缓,安然入海。

27日12时,黄委宣布终止黄河中下游水旱灾害防御Ⅳ级应急响应。黄河下游滩区189万群众、137.6万余公顷耕地免遭漫滩洪水损失,140万群众避免应急搬迁,得以安然过冬。

英雄似山搏激流,俯身为民志不休。黄河人在这场新中国成立以来最严重的秋汛战斗中取得全面胜利,用责任与担当、使命与坚守续写了人民治黄岁岁安澜的传奇!

(撰稿人:黄峰、蒲飞、李晓莹)

逐险而行　不辱使命

——水利部险情处置工作组侧记

山西黄河河务局防汛办公室

2021年8月下旬以来,黄河发生严重秋汛,洪水场次之多、过程之长、量级之大极为罕见。受秋汛期间持续强降雨影响,山西中南部地区局地出现山洪、山体滑坡,多条中小河流暴发洪水,引发严重洪涝灾害,防汛形势非常严峻。面对严峻汛情,水利部派出多个防汛工作组,深入山西晋中、运城等地指导抗洪抢险工作。

山西黄河河务局(简称山西河务局)作为水利部下属流域机构中的一员,国庆期间单位全员放弃休假,全力投入到黄河防汛工作之中。在国庆末尾的10月7日21时50分,接到上级黄委通知,汾河新绛段发生险情,需派出水利部工作组检查督导抗洪抢险工作。山西黄河河务局接到通知后第一时间进行会商,决定委派潘正彬、邱晓新两名党员干部前往抢险现场。

指导汾河新绛段堤坝决口合龙

10月7日22时,潘正彬、邱晓新同志接到前往汾河新绛段指导的命令,忙了一整个国庆的二人,来不及多想就从温暖的被窝起身,匆忙穿上衣服,带上随身行李、雨具、资料等坐上车赶往出险现场。途中,水利部防御司姚文广司长致电工作组,要求直奔现场掌握第一手资料,采取果断措施尽快排除险情。

8日0时,二人赶到汾河新绛段出险现场后,第一时间对出险部位情况进行了查勘,并同省、市水利部门技术人员共同商讨了技术方案。

8日白天,工作组二人同抢险队人员进行商讨,统筹考虑出险部位、当地抢险料物供应情况等多种因素,确定了抢险方案及步骤,在确保险情不扩大的同时,尽快排除险情。期间,二人一直驻守抢险一线,午饭在现场吃盒饭。

8日16时30分,随着最后一车石料投入决口处,汾河新绛段桥东村附近堤坝决口成功合龙,二人悬着的心终于放下了。

指导吕梁磁窑河孝义段决口合龙

9日9时,二人结束汾河新绛段工作准备返程时,又接到电话通知让立即赶往吕梁磁窑河孝义段进行险情处置工作,二人立即收拾行装,一路向北驱车4个小时赶往孝义。

到达孝义后,工作组二人参加了由吕梁市水利局组织的柏叶口、文峪河水库调度会商会,明确由吕梁市水利局下达调度指令,在确保水库安全的情况下,尽最大可能压减水库下泄流量。

　　会后,二人立即赶赴磁窑河孝义段出险现场。由于连续多日降雨及河道行洪,河堤上车辆无法行驶,二人穿着雨鞋、打着雨伞,徒步3.5公里前往决口现场查看,结合现场情况,工作组提出了"继续优化抢险方案,先修抢险道路,采用小型机械设备或人工进行决口堵复工作"的指导意见。

　　10日上午,李国英部长电话连线工作组,了解现场情况后,要求:确保淹没范围不扩大,全力做好受淹区排水工作,决口口门堵复工作抓紧进行。工作组及时将李部长的要求传达给省、市、县水利部门及当地政府,并根据地方建议,综合现场情况及汾河、文峪河来水情况提出了"淹没区积水外排的口门暂缓封堵,其余口门坚决封堵,在文峪河河堤开挖临时泄洪通道"的意见,加快淹没区排水,尽早让灾民重返家园。

　　13日12时55分,随着最后几袋石料被投入决口处,磁窑河孝义段位于大孝堡镇小疙瘩村附近的一处长达25米的决口被顺利封堵,成功合龙。

指导平遥水库大坝紧急处置

　　11日23时,在指导磁窑河孝义段决口封堵期间,二人完成了当天任务准备休息时,接到水利部防御司电话通知平遥一水库大坝裂缝,水库尚蓄有48万立方米水,急需进行紧急处置。二人立即退房,收拾行装再次连夜启程前往出险现场查看、处置险情。

　　12日1时,在平遥出险水库大坝上,二人查看了大坝裂缝情况,了解了输水泄洪相关参数,并查阅了水库巡查记录、安全鉴定资料。6 时，工作组二人向水利部值班室上报了基本情况。

12 日上午，二人同山西省水利厅工作组实地查勘了水库大坝裂缝情况，并开挖探坑检查裂缝深度，详细查看并了解了水库泄水及本轮降雨水库运行情况，及时做出了"将泄洪输水洞闸阀全开及预备一定数量的排水泵"的要求。

12 日 23 时，平遥出险水库的库水基本排空，进出库平衡，出库流量远低于下游河道的安全行洪能力，暂时无须转移下游群众，该险情得到有效处置。

风雨出征路，大考显担当。身处抗击洪水、抢险救灾的第一现场，潘正彬、邱晓新二人看到了各级领导闻汛而动，深入一线，靠前指挥；党员干部迅速到岗，枕戈待旦；广大干部群众勠力同心，众志成城，共同筑就了防汛抗洪的坚强屏障。感受到了水利人坚守一线、无私奉献，用实际行动诠释"忠诚、干净、担当、科学、求实、创新"的新时代水利精神。

在这次历史罕见的秋汛之中，黄河防洪工作面临了严峻的形势，包括山西河务局在内的整个黄委全体人员都为这场战斗艰苦鏖战。但是，身为党员、身为有着一腔热血的水利人，潘正彬、邱晓新二人展现了身为一名治黄人的担当："不仅仅要守护母亲河的安康，而是'母亲'哪里有难，我们就要去哪里！"他们二人和全体治黄人一样，在这场秋汛洪水战斗当中，努力践行使命担当，向党和人民交出了满意的答卷！

（撰稿人：张嘉旺）

弘扬抗洪精神　守护陆水安澜

长江水利委员会陆水试验枢纽管理局

　　伟大的抗洪精神,像一颗种子被播撒在我幼小的心田。这颗种子慢慢生根、发芽,最终在陆水河畔扎了根。

——题记

　　小时候,我同许多同龄人一样,未曾亲身感受过洪水的肆虐,对洪水的理解停留在电视新闻中。屏幕里一片汪洋,房屋被毁、农田被淹,许多人被迫转移、离开家乡,有的被困在树上、有的被困在房顶,有的因家人失踪而号啕大哭。

　　每每这时,总会出现为人民保驾护航的逆行者们。他们是水利工作者,日夜坚守、科学决策,与洪水争分夺秒;他们是人民解放军,扛沙袋、垒土石,用血肉之躯筑起人墙;他们是白衣天使,无私奉献、救死扶伤,生动诠释了医者仁心……

　　习近平总书记说,精神是一个民族赖以长久生存的灵魂,唯有精神上达到一定的高度,这个民族才能在历史的洪流中屹立不倒、奋勇向前。在1998年抗洪抢险斗争中形成的“万众一心、众志成城,不怕困难、顽强拼搏,坚韧不拔、敢于胜利”的抗洪精神,不仅被列入中国共产党的精神谱系,也是我们中华民族无比珍贵的精神财富。

　　长大后,我与水利结缘于武汉大学,毕业后我很荣幸,成了陆水水利枢纽的守坝人,不知不觉5年了。作为一名水利专业技术人员,我深知自己所肩负的使命,那就是倾尽所能,为陆水大坝安全运行、陆水流域安澜贡献自己的全部力量。

　　陆水河是位于长江中游南岸的一级支流,是典型的山溪性河流,汇流时间短,洪水陡涨陡落。为验证和解决三峡工程科研、设计与施工重大技术问题,加强陆水流域的防洪能力,在毛泽东、周恩来、邓小平等老一辈无产阶级革命家的亲切关怀下,陆水水利枢纽于1958年开工、1967年下闸蓄水,是一座兼有防洪、灌溉、发电、航运、供水、养殖和试验任务的大型水利枢纽,建成后发挥着巨大的效益。

　　历史川流不息,精神代代相传。陆水水利枢纽自开工以来形成了“团结、求实、开拓、奉献”的陆水精神,成为指引我们前进的灯塔,照亮我们前行的道路。

在陆水,我们有“万众一心、众志成城”的坚守

　　陆水水利枢纽的兴建,是数以万计的技术人员、民工、专业铁道兵等建设者怀着满腔斗志,心往一处使,拼命干出来的!物质匮乏、技术落后、环境恶劣、背井离乡的现实条件丝毫动摇不了他们对水利事业的热爱及对三峡工程的憧憬!他们团结求实、开拓奉献,不怕牺牲、英勇斗争,克服重重困难、攻克道道难关,完成了祖国的重托。他们先后进行了混凝土预制安装筑坝、砂基固结灌浆、垂直干运式升船机、晶体管控制等200多项科学试验,为三峡工程的设计与建设提供了许

多宝贵的科研试验成果。

在主坝展览馆,陈列着当年用于土石坝碾压的人工混凝土碾。厚重的圆柱形混凝土中间留有一个孔洞,孔洞里放置一个木桩,做成人工碾车,要 8 个壮汉才能推动。我看过老照片,碾压的工人穿的是破衣服、草鞋,年轻的面庞因为风吹日晒多了不少沧桑。20 世纪 90 年代出生的我,难以想象当年的艰苦。"吃水不忘挖井人",我们现在幸福的生活离不开无数前辈们的前赴后继、无私奉献,没有他们的付出,就没有如今的国泰民安。

在陆水,我们有"居安思危、未雨绸缪"的坚守

汛情就是命令,防汛就是责任,减灾重在预防。为深入贯彻习近平总书记关于防汛救灾工作的重要指示精神,认真落实水利部水库安全度汛工作部署,5 月 25 日,长江水利委员会在陆水水库组织开展 2021 年水库防汛抢险应急演练。我们精心组织,周密部署,演练模拟水库遭遇超标准洪水时开展电厂防洪门挡水、备用方式开启 $2^{\#}$ 副坝泄洪闸、$1_B^{\#}$ 副坝爆破分洪及应急通信等三个科目,涉及多项专业知识和安全生产事项,取得了良好的成效。

$1_B^{\#}$ 副坝十分特殊,当遭遇 2 000—5 000 年一遇洪水袭击,或上游青山水库突然失事危及本枢纽安全时,为确保主坝和 $8^{\#}$ 副坝等重点建筑物的安全,启用非常溢洪道泄洪,爆溃 $1_B^{\#}$ 副坝。简单来说,就是遇超标准洪水时,我们会采用爆破的方式把 $1_B^{\#}$ 副坝炸开,让洪水从非常溢洪道排走。随着一声令下,抢险队员有序起吊爆破孔盖板、通风、清孔,装运沙袋(模

拟炸药袋)、装填洞室并撤离到安全区域,大家操作熟练、扛起沙袋来也非常起劲。

1$^{#}_{B}$副坝的产生与当时的国民经济息息相关。随着生活的改善,为了更好地保障人民群众生命财产安全与社会和谐稳定,我们在《陆水水库除险加固工程可行性研究报告》中提出了改建1$^{#}_{B}$副坝为有闸控制非常溢洪道、新建1$^{#}_{B}$副坝非常溢洪道下游泄洪渠等建议。我们坚持以人民为中心的发展理念,坚持以防为主、防灾抗灾救灾相结合,从源头上防范,把问题解决在萌芽之时,全面提升综合防灾能力。

在陆水,我们有"不怕困难、顽强拼搏"的坚守

陆水试验枢纽建设期经历了"大跃进"、三年困难时期、"文化大革命"十年内乱。艰苦的居住条件、短缺的生活物资、极重的劳动强度,并没有把陆水人打倒,勤劳朴实的陆水人奋发图强,让山低头,让水改道,除害兴利谱新篇。

1964年陆水工地遭遇罕见洪水灾害时,长江水利委员会第一任主任林一山同志临危不惧,运用气象预报和水文预报科学决策,紧急加高加固上游围堰,顶住了洪峰,保护了京广线交通命脉,避免了巨大的经济损失,保障了下游人民的生命财产安全。

发生硅酸盐水泥和硫酸盐水泥混用事故后,技术人员刘崇熙临危受命,他通过工程现场勘察和几年试验,发现混合使用不仅无害,还因此研究出了一种新品种水泥——低热微膨胀水泥,这项研究成果还被授予了国家发明二等奖。

从一片荒凉到欣欣向荣,从一片空白到硕果累累,"团结、

求实、开拓、奉献"的陆水精神,深深地刻在了每一个陆水人的心头。

在陆水,我们有"坚韧不拔、敢于胜利"的坚守

陆水流域一般 4 月进入汛期,主汛期一般为 5—6 月。陆水水库地理位置特殊,下游紧临京广铁路、京港澳高速等重要交通命脉,且水库防洪库容小、调洪能力差,加之上下游防洪标准不一致及下游河道行洪能力不足,给水库的防洪调度带来了很大难度。

今年 8 月 24 日,陆水流域突降暴雨,库区水位持续快速上涨,流域内 20 个水文站点平均降雨达到 98.3 毫米,最高达到 162 毫米,汛情紧急。局长带领巡查人员仔细检查了 $1_A^\#$ 到 $11^\#$ 副坝,坐镇枢纽指挥防汛。在长江委防御局的指导下,在局防办精准调度下,经过一夜的奋战,陆水枢纽先后五次启闭闸门,成功抵御了本场洪峰,确保了大坝的防洪安全。

在防汛工作中,我们重规范、讲程序、抓细节。我们全面落实防汛责任,做好各项防汛工作。按时召开防汛动员会,及时制订防汛工作方案和修订应急预案,及时认真开展汛前、汛后检查,组织开展防汛知识培训,规范防汛值班制度和大坝巡查制度,坚持执行中心领导带班、24 小时轮流值班制度,严格执行水库防汛抗旱调度指令。

陆水水利枢纽有 1 座主坝和 12 座副坝,副坝连线长约 6.3 公里,由于副坝多、坝型多,给防汛巡查带来了一定的难度。在众多副坝中,$8^\#$副坝最为特殊,坝长 1 543 米,最大坝高 25.6 米,曾被誉为亚洲最长的均质土坝。$8^\#$副坝自然环境优

美,坝脚不远处有我们种植的生态林地,如今绿树葱葱,俨然成了小动物们的乐园,其中不乏各种各样的蛇和蚊虫。在夜晚巡查时,我们极有可能会和一只或者是几只蛇邂逅,或者是和蚊虫来上几次亲密接触。

防汛巡查是一项细致的工作,强调"心到、脚到、眼到、口到、手到",来不得半点马虎。通常我们的巡查人员会分为三路走,分别查看坝顶、坝坡和坝脚的具体情况,不分昼夜对主副坝的每一个细小的部位进行仔细查看。夏季烈日当空时,阳光直射在皮肤上会痛,衣服汗透是家常便饭;雷雨交加时,衣服、鞋子被雨水淋湿也是家常便饭。

在遇到汛期高水位和恶劣天气时,夜晚的巡查次数会由两次增加到 4 次——上、下半夜各两次。一晚上巡查 4 次,巡查人员基本就没休息时间,又累又困,饿了只能吃泡面充饥。当人员调配不过来时,有些同志晚上巡查,白天还得继续上班,连轴转也没有任何怨言。几个中心领导更为辛苦,实行 24 小时带班制,不分昼夜,差不多以单位为家,早上匆匆赶回家洗个澡,换身干净的衣服,就又匆匆来了单位。

文末我想借用当代诗人臧克家的诗句,"有的人活着,他已经死了;有的人死了,他还活着……有的人,他活着为了多数人更好地活……"身为水利工作者,我们深深明白自己肩上的使命与担当,也立志要为祖国的水利事业添砖加瓦,因为我们守护的不仅是陆水水库,而且是陆水河畔千千万万人民的家!

（撰稿人:秦丽颖）

专业担当　技术支持
北京锤炼科学防汛指挥调度中枢

北京市水务应急中心

今年,北京汛期降雨雨量大、暴雨次数多,主要河道普遍涨水,水库拦洪蓄水效益明显。截至 9 月 28 日,汛期降雨量785 毫米,较去年同期偏多 9 成,常年同期偏多近 6 成;全市大中型水库蓄水 44.33 亿立方米,较汛前增加 14.53 亿立方米。其中,密云水库蓄水 35.67 亿立方米,增加 12.57 亿立方米。北京市水务系统坚决贯彻习近平总书记坚持"人民至上、生命至上"指示要求,在市委、市政府的坚强领导下,坚决防止麻痹思想、坚决杜绝侥幸心理,加强属地合作协作联动、强化行业引领专业担当,让防御准备跑赢汛情发展,打好主动仗,下好先手棋,实现了"精准调度、保安全、多蓄水"的目标任务,确保了城市防洪排涝安全和水工程设施运行安全。

8 月 23 日,密云水库蓄水量突破 1994 年 9 月 16 日以来的历史最高纪录。在习近平总书记给建设和守护密云水库的乡亲们亲笔回信一周年之际,密云水库蓄水量创历史新高,首都水务人以优异成绩为庆祝中国共产党成立 100 周年交上了满意答卷。

靠前部署、凝心聚力，
把牢思想观念"总开关"

围绕"学党史、悟思想、办实事、开新局"的总要求，北京市水务系统把迎接暴雨洪水的主战场当作扎实开展党史学习教育的生动课堂，主动服从改革发展大局，贯彻落实党中央、国务院，水利部，市委、市政府领导关于防洪抢险的批示指示精神，优化机构和职能配置，找准前进方向，理顺发展思路，做到思想统一、认识统一、步调统一、行动统一，确保水库不垮坝、重要堤防不决口、重要基础设施不受冲击。全力推进"安全、洁净、生态、优美、为民"的水务发展目标，将"以人民为中心"的发展理念作为首都水旱灾害防御工作的基本遵循。

防洪排涝调度要见成效，基础工作需干在前。汛前，针对海河流域汛期降水偏多2—5成的研判，北京水务系统立足防大汛、抗大洪，以专业之长和行动之实全面落实汛前各项准备工作：提早落实并公布水旱灾害防御各级责任人，筑牢防汛抗洪的"责任大堤"；坚持预字当先、关口前移，提前编制防洪调度相关工作方案预案；开展多批次、广覆盖的隐患排查整改，"一区一单"提出限时整改要求并督促落实；落实水旱灾害防御物资队伍，开展防洪培训演练；紧盯突出风险，夯实"城防、人防、物防、技防"等基础，固守首都防洪底线。

"您好，这里是北京市水务局，请问巡堤查险工作您负责哪一段？"6月5日，北京市水务局局长潘安君电话抽查巡堤查险责任落实情况。汛前，北京市水务局组织开展永定河、潮白河、北运河主河道堤防分区划段及巡堤查险工作,专题召开巡堤查险、应急抢险准备工作调度会,研判当前形势,部署防御措施,三条河沿河各区共划分堤防巡查责任段 91 段;增加巡堤查险频次,落实专业巡查装备,加强潮白河、北运河等重点河道沿线堤防巡查和险情抢护,确保防洪安全;备齐大型块石、砌体等抢险物料,打通存放、运输等管理链条;增加专业抢险队伍力量,建立人员台账,确保抢险队伍在"7·12""7·18"等暴雨应对过程中调得出、用得上;开展全流域、全要素的洪水调度和抢险演练;编制下发知识手册,安排堤防巡查抢险专业技术培训。同时,编制 5 大流域和大中型水库洪水防御作战图,强化洪水预报和工程调度运用信息集成耦合;充分发挥专家队伍作用;落实市级专家 72 名,选聘"一站两院"55 名技术专家与各区、水管单位一对一结对,开展监测预报预警、洪水调度、险情处置等技术指导;持续开展"清管行动",预置抢险物料、设备机械、专业抢险队伍,逐河逐库全流程、全要素开展防洪演练,确保关键时刻调得出、用得上。

夯实基础、科学调度,激活行业担当"驱动器"

北京市水务局继续加强水库汛限水位和调度运用监管,汛前 7 座高水位运行水库水位全部降至汛限以下,19 座病险水库降低水位或空库运行。落实全市 85 座水库"三个责任人""三个重点环节"和 21 座大中型水库"明白人"。全面完成全市水库安全鉴定,制订水库除险加固计划。

7 月 11—12 日,北京迎来今年最强降雨,平均降雨量已经达到大暴雨级别,局地达到特大暴雨。暴雨来袭,城市整体运转有序无恙。全市未出现严重积水险情,主要河道、水库整体运行平稳。

北京市水务局水旱灾害防御处副处长霍风霖表示,平稳经受住本轮暴雨的考验,得益于对水库调度运用的强化和汛限水位监管。"在雨前,水库均控制在汛限水位以下运行,病险水库原则上空库运行,合理安排水库错峰泄洪。同时,作为防汛重点,北运河提前停航预泄,腾出槽蓄 1 960 万立方米,中心城区河湖及各区新城河湖按照'放空不露底'的原则,降低运行水位,腾出槽蓄 206 万立方米。"像怀柔甘涧峪水库就在 7 月 11 日进行了 5 年来的第一次开闸预放水。"预放水后,水位下降 15 厘米,11 日晚至 12 日的降雨过程中,水库一直处于安全水位。"怀柔区怀柔镇甘涧峪水库负责人李保权说。

针对北运河通航和新工程投入运行等新工况,北京市水务局专门与津冀水务部门研究,制订了基于通航和新工况下的洪水调度方案,应对好汛期暴雨洪水,保证河道运行和行洪安全。北运河防御此次降雨的调度工作从 7 月 10 日下午就已经开始了。

北运河管理处水流调度科科长李凤霞说:"北京西高东低,北运河又是'九河下梢',中心城区很多条河道的水都会汇集到这里,别看通州的雨下得不大,河道里的水却特别多。"为了在降雨来临前腾出槽蓄空间,创造快速泄洪条件,他们必须提前行动,通过联合调度沿线北关分洪闸、北关拦河闸、甘棠闸、榆林庄闸和杨洼闸 5 座水闸,将河道内的水预泄出去。

与此同时,还要考虑下游河北香河地区的河道安全,通过分析研判确定每座闸的启闭时间、下泄水量,实现逐级、安全调度。从7月10日18时至11日18时,共发出12份调度指令完成预泄工作。

此外,"通州堰"的宋庄蓄洪枢纽基本建成。当洪峰来临时,通过尹各庄分洪闸、拦河闸联合调度,把从温榆河上游洪水分洪到宋庄蓄滞洪区,从而减少北运河下游的排洪压力。这是北京水务系统有力应对每一场强降雨的缩影,也是履行好水旱灾害防御职能、发挥好业务支撑作用的一次实践检验。

今年汛期,北京市水务局按照"流域单元、超前准备、系统安排、固守底线"的原则,根据北京城市总体规划对北京水网的布局,充分发挥流域防洪工程体系"组合拳"作用,系统安排洪水全过程调度。雨前,落实各类预案,科学分析预测河道、水库来水情况,提前对河道、管网预泄腾容;雨中,以流域为单元,科学实施水库、河道及蓄滞洪区等水工程联合运用,充分发挥大中型水库拦洪蓄洪作用,强化永定河、北运河和城市河湖分洪泄洪调度和城区厂网河联合调度,有效控制河道水位,减轻城市排水压力;雨后,充分发挥北京市平原河网优势,科学安排超蓄洪水调度。"7·12""7·18"强降雨期间,雨前河道管网腾容累计近3 000万立方米;雨中密云水库拦洪率100%,海子水库最大削峰率达93.5%,怀柔水库削峰率为75.9%;雨后调度洪水5.14亿立方米,最大限度改善了城乡水环境、水生态。

强化"四预"、完善硬件,刷新技术支撑"战斗力"

勇于担当,也要善于担当。北京市水务系统围绕落实水旱灾害"四预"举措,积极利用信息化、智能化等技术,补短板,强弱项,不断提升防御水旱灾害的专业技术支撑能力,确保预报精准、预警及时、调度高效。

汛前,编制5大流域和大中型水库洪水防御作战图,强化洪水预报和工程调度运用信息集成耦合;修订洪水测报方案,落实24支测报队伍,降雨期间赴沟河等流域实施应急测报,为调度决策提供支撑;提前启动预报专班,根据降雨数值预报和洪涝模型开展流域洪水预报,分析河道行蓄洪演进等情况,形成3期洪涝灾害防御提示信息,指导有关部门做好风险防范。

"汛期,遇有中雨及以上预报时,洪水、山洪、内涝3个预报预警专班即开展工作,根据降雨预报落区,滚动分析研判洪水、山洪、内涝风险,尽早发布洪涝灾害防御提示,为相关部门做好降雨应对部署提供有力支撑,受到一致认可。今年累计向公众发布洪水、山洪灾害风险、城市积水内涝风险等各类预警共14期,为市民及时避险、安全出行提供参考意见。"市水务应急中心工作人员介绍。

在预演、预案方面,运用数字化手段对降雨、产汇流和洪水演进模拟预演,根据预演结果滚动订正调度方案。今年,北京城市洪涝数值模拟"北京模型",在洪水调度及内涝风险分析等方面发挥了较大作用,实现"降雨产流—坡面汇流—管网汇流—河网汇流—水体调蓄—防洪排涝工程调度"全过程耦合计算,为洪水调度预调微调提供支撑。

今年汛期,密云水库流域降雨频次高,汇水多,7月下旬为应对水库临近汛限水位阶段运行管理,运用模型模拟预演不同量级降雨情景、不同调度方案的洪水过程,确定了小流量预泄分级调度模式。为妥善处理好水库调度和河道行洪安全,北京市水务局会同沿河四区水务局建立每日会商、信息通报、安全监测和应急处置机制,根据气象预报和水情监测实时更新洪水预测,滚动订正调度方案。通过精细化调度,密云水库防洪效益显著,在"7·12""7·18"等场次降雨中,拦洪率100%,大大减轻了下游河道防洪压力。

多年来,北京市水务局坚持以问题为导向,针对易积水点,多次进行实地勘察和走访调研,在危害性较大的区域先后建设211个可视化积水监测站,为城市内涝调度指挥提供数据基础。同时,将积水数据共享给交通、应急等部门和高德地图等互联网企业,为市民出行提供帮助参考。视频会商系统和水务图像监控系统作为水旱灾害防御调度工作的"千里眼、顺风耳",为充分发挥北京市水务局"指挥调度中枢"作用,有序应对今年汛期的多场强降雨过程,提供了强有力的硬件服务。

"7·12"降雨期间,派出13个检查组"四不两直"检查指导各区小型水库、山洪沟道、积水内涝防御工作。"7·18"降雨期间,北京市水务局主要领导带队,派出3个技术组分赴大清河、永定河和潮白河流域,现场查勘重点河道洪水流态应对及设施水毁情况。

在做好本市防洪工作的同时,北京市水务局继续加强与河北、天津等周边省市的信息共享和联合会商,加强跨界河道上下游、左右岸工作协调。在密云水库泄洪期间,将相关调度信息第一时间抄送河北省和天津市水务部门,协同有序实施流域洪水调度,确保流域防洪安全。7月21日,紧急组建北京排水集团支援郑州抢险突击队,驰援郑州抢险,先后完成郑开大道、京港澳高速桥下等7处积水区域抢险抽升任务,累计抽升量53.5万立方米。7月24日,紧急调运1 000块四面体支援国家南水北调中线拒马河段应急抢险。

冲锋在前、迎难而上,勇当防汛战场"主力军"

今年,结合强降雨应对和全国防洪形势,北京水务系统启动了"防大汛、抗大洪、抢大险、救大灾"主汛期应急工作机制,全体涉汛干部职工取消休假,10余万人次在岗值守备勤,以迎接大战大考的状态,越是艰险越向前,不到胜利不收兵,全力以赴应对每一场暴雨洪水过程。

防汛抗洪,就是一场维护城市平稳运行和人民群众生命财产安全的无硝烟的战争,大雨终退,才能洗炼出一颗颗顽强拼搏、无私奉献的赤子之心,一份份对水情全面掌控、对人民高度负责的水务人忠诚之情。领导干部"逢雨必到岗"的价值追求,指挥中心值班室墙上"人民至上、生命至上"的为民情怀,年轻干部"我还可以再值一天班"的请战宣言,一线抢险人员"有我们在,您放心"的光荣承诺,暴雨洪水面前"我是党员我先上,洪水不退我不退"的冲锋精神……全市水务系统各单位、各部门以高度的政治责任感和对人民生命财产高度负责的精神，凝聚人心，鼓舞斗志，全力保障人民群众生命财产安全；基层党组织和党员干部冲锋在第一线，战斗在最前沿，让初心和使命凝聚起防汛抗洪的强大合力；每一位干部职工在备汛迎汛工作中获得了宝贵的经历和财富、难忘的锻炼和成长。

今年汛期即将结束，考虑后续降雨情况，首都水务人将依然坚守在防洪排涝应急值守岗位，用"辛苦"指数换取"安全"指数。同时，针对今年防洪排涝中暴露出的薄弱环节，提前谋划汛后补短板工作，强化水利工程水毁修复和防洪应急工程建设，提升动态监测感知能力、洪水预报调度能力，健全完善水文监测体系、水利工程运行和应急抢险体制机制，以更加完备、更加系统的"软硬件"措施，更加饱满、斗志昂扬的精神风貌，迎接明年汛期的到来，为守护首都安澜和防洪排涝安全贡献水务力量。

（撰稿人：朱金良、郭玥）

弘扬伟大建党精神
筑牢防汛"生命堤坝"

江苏省江都水利工程管理处

习近平总书记在庆祝中国共产党成立100周年大会上首次提出并科学阐释了伟大建党精神,他指出,一百年前,中国共产党的先驱们创建了中国共产党,形成了坚持真理、坚守理想,践行初心、担当使命,不怕牺牲、英勇斗争,对党忠诚、不负人民的伟大建党精神,这是中国共产党的精神之源。伟大建党精神是党的性质、宗旨、纲领和路线在百年奋斗实践中的集中反映,解读了我们党"从哪里来"的精神密码,更标定了我们党"走向何方"的精神路标,具有穿越时空、历久弥新的时代意义和实践价值。

20多年前的1998年,我国遭遇罕见洪灾。也正是在那场气壮山河的抗洪抢险斗争中,铸就了"万众一心、众志成城,不怕困难、顽强拼搏,坚韧不拔、敢于胜利"的抗洪精神,成为中国人民弥足珍贵的精神财富、中国共产党人的精神谱系之一。20多年后的今天,诞生于危难之际的抗洪精神历久弥坚,更加熠熠生辉。2021年汛期,面对异于常年的雨水汛情,在党中央坚强领导下,在国家防总统筹指挥下,各级各部门闻"汛"而动、全力以赴,党员干部迎难而上、冲锋在前,救援人员快速出动、勇挑重担,人民群众众志成城、守望相助,凝聚起防汛救灾的强大力量,打响了一场场防汛救灾的大仗、硬仗,将伟大抗洪精神深深融入血脉。

江苏省江都水利工程管理处作为伟大治淮工程的重要控制节点和江苏省江水北调、国家南水北调东线工程的源头,在面对近 10 年最强台风"烟花"来袭时,全处广大党员干部高标准严要求贯彻执行上级决策部署,积极响应处党委在防汛抗台抗疫工作中"三在先、三带头、三示范"倡议(在防汛抗台中做到值班值守在先、查险排险在先、苦干实干在先;在抗击疫情中做到带头担责尽责、带头守法守规、带头关心关爱;在各项工作中做到学习示范、领岗示范、服务示范),组建党员突击队,用实际行动深入践行"同人民想在一起、干在一起,风雨同舟、同甘共苦,在现代化新征程上建新功",战斗在防台第一线、工作在防汛最前沿,用一面面鲜红的党旗,一个个坚强的堡垒,构筑起坚不可摧的严密防线,守牢"生命堤坝"。

闻"汛"而动,以干在第一线履行 "践行初心、担当使命"的承诺

"汛情就是命令,抗洪就是责任",短短的一句话,道出了一代代中国共产党人始终与人民风雨同舟、始终为了人民幸福的责任担当,这就是中国共产党人自建党以来未曾改变的初心使命,这就是对伟大建党精神的继承和弘扬。自汛情发生以来,全处党员同志以实际行动践行"洪水来了,我先上;台风来了,让我扛;值班值守,尽职责;查险排险,走在先",全力

奋战在抗台第一线,切实把"践行初心、担当使命"转化为防汛抗台的实际行动。截至 8 月 12 日 8 时,淮河入江水道万福闸、金湾闸、太平闸共排泄洪水 186.43 亿立方米,江都抽水站累计抽排 3.88 亿立方米,排泄江都城市涝水近 3 800 万立方米。

面对台风"烟花"带来的严峻排涝任务,万福闸管理所党支部迅即成立党员突击队,严格按照水闸巡视检查的频次,密切关注台风的走势、影响范围、水情变化等情况,加大设施设备巡查力度。当发现万福闸 58#孔闸门上有一巨大树干卡在闸门上时,副所长王德俊同志带领突击队成员在第一时间顶着风、冒着雨赶到万福闸便桥上,马建国、吕鹏迅速穿起救生衣,系好安全带,越过便桥栏杆,爬上闸门,用铁棒撬起庞大的树干,其他同志在现场协同配合,争分夺秒,在短时间内将树干清除,消除了行洪隐患。此时此刻,每位党员同志浑身上下全部湿透,分不清是汗水还是雨水。

为应对里下河地区和江都城区水位持续升高的严峻形势,处里 33 台机组全部投入运行,各运行班组由党员干部领岗,严肃三级防汛值班制度,严格执行调度指令,加强设备巡查,落实应急措施,为排除里下河涝水做出了积极贡献。宜陵闸管理所组织夜间党员突击队,顶风冒雨,应急开启三里窑闸、五里窑闸,全力抢排老通扬运河涝水,全力保障江都城区及通南地区人民生命财产安全。在排涝一线,江都闸管理所党支部党员主动请缨,每个班组由党员领岗,每班主动巡查,发现安全隐患立即排除,落实备品备件,做到突击任务有党员,困难攻坚有党员,艰苦岗位有党员。值班值守在先,查险排险在先,苦干实干在先,全处党员立足本职岗位,不怕苦累、甘于奉献,干在最难处、顶在最前面,顽强拼搏、连续作战,让党旗在排涝一线高高飘扬。

为准确测报万福闸、太平闸、金湾闸和芒稻闸流量,水文站党员同志不畏风雨,连续 3 天在早晨 5 时即到达测流断面,抢测高潮流量。处水文站老党员孙正兰全面部署,统一协调各方人员和物资,在测量当天,早早安排好一切工作,做好现场指挥工作;万福闸水文站老党员万章生同志明年即将退休,但是他仍然每天第一个到达测流断面,认真做好各项准备工作,风雨中他坚毅的背影彰显着水文人的执着;年轻的党员们冲锋在前,有的从扬州冒雨赶到,有的从江都蹚水而来,他们的目的只有一个——把脉江河,为工程运行和防汛排涝提供数据支撑!

向"汛"而行,以守在第一线赓续 "不怕牺牲、英勇斗争"的精神

"冲锋在第一线、战斗在最前沿",共产党人不仅是这样想的、这样说的,也是这样做的。在防汛一线,处各党支部和党员干部迎难而上,敢为直面洪流的逆行者、先行者,勇当抢险救灾的主力军、主心骨,组建"党员突击队"、设立"党员先锋岗",冲锋在前、不怕牺牲,用血肉之躯筑成了保护人民群众生命和财产安全的钢铁长城,凝聚起抢险救灾的强大合力,用实际行动应对防汛抗洪的考验。

拼搏在护岸抢险的最前端。北外滩西船闸位于黄浦江

边、"东方明珠"对岸,是上海国际航运服务中心的重要配套项目。处里驻上海委托管理项目部人不多,责任却重大。台风"烟花"来临前,现场项目经理马俊未雨绸缪,提前完成所有排水设施的检查维护工作。7月25日凌晨01:30前后,他抢在黄浦江大潮来临前巡视大堤,巡查游艇缆桩是否断裂、游艇缆绳是否松懈。17:00左右,项目部接到通知:黄浦江26日凌晨潮水位可能高于5.5米,需要对护岸薄弱部位加强封堵。马俊率领党员张杰、职工丁学兵顶着狂风暴雨,艰难地将30只沙袋运抵封堵现场,构筑起简易沙坝。26日00:00左右,黄浦江水位已经突破5.15米,但高潮位时间是凌晨01:30。根据经验判断,高潮来临时,黄浦江水位很可能会突破5.8米,而构筑的简易沙坝高程只有5.7米。面对已经非常疲惫的项目部成员,马俊毅然发出号召:继续加固沙坝。狂风裹挟着暴雨,击打在每个人的脸上,他们以击鼓传花的方式搬运了一只只沙袋,沙坝又垒高了0.3米,成功挡住了风暴潮。26日01:46左右,看到黄浦江水位开始退落,北外滩西船闸安然无恙,项目部所有成员才舒了一口气。他们用强烈的责任担当,彰显党员干部的榜样力量,凝聚所有员工的无私奉献,经受住了强大的风暴潮考验,在服务国内国际双循环大考中交出了一份出色的答卷。

台风"烟花"落幕,洪水未退,新冠疫情不期而遇。7月31日,扬州新冠疫情防控形势日趋严峻,主城区通往江都区的主干道实施封闭管控,8月6日,与万福闸仅一沟之隔的湾头镇联合村成为高风险区域,向西通往广陵区湾头镇方向道路封闭,万福闸、太平闸彻底成为此次疫情中的"孤岛",值守在两闸上的 4 名防汛值班人员成为直面疫情风险和挑战的"守闸人"。面对严峻的疫情防控的形势和艰巨的防汛抗洪任务,万福闸管理所迅速成立"防疫防汛党员先锋队",由 6 名党员和业务骨干组成应急运行班组,他们坚决服从防汛抗疫大局,毫不退缩,在处党委的关心和帮助下,克服周边疫情紧张、无人换班、后勤保障不足、生活物资奇缺、家人担心、老人小孩无法照顾等诸多困难,"以闸为家",全天 24 小时吃住在闸管所,开启了不分昼夜的工作模式,始终坚守在防汛抗疫前沿主阵地;邵仙闸管理所对运行值班制度进行了调整,改为每班 24 小时值班制,多措并举持续推行"通航不见面办理模式"服务,"防疫防汛党员突击队"全天候奋战在通航运行一线,确保防疫无死角、全覆盖,切实做到通航、防疫两手抓、两不误,为过往船民筑起疫情防控的安心港湾和坚强屏障。截至 8 月 18 日,邵仙船闸已安全通航 230 天。

迎"汛"而上,以冲在第一线砥砺
"对党忠诚、不负人民"的信念

我们党来自人民、根植人民,依靠人民、为了人民,始终把"人民"写在红色旗帜上。江苏省江都水利工程管理处(简称管理处)作为全省水利工程委托管理专业保障单位,代管了省内泵站 18 座(其中大中型泵站 15 座),闸站、涵闸 16 座,节制闸、船闸 25 座,承担着城市防洪、生态活水及水资源调配等功能。台风"烟花"过境之处,"外有洪、内有涝、田有渍"屡次发生。危难之处显身手,管理处代管的水利工程就像一把把"防洪利器",分泄洪水、抢排内涝,有效控制区域河网水位,及时排除城市内涝和田间涝渍,最大限度保障了城乡人民群众生命财产安全和正常生产生活秩序,充分展示了管理处"全国文明单位""全国先进基层党组织"的品牌力量。

筑防洪铁壁,保城市安全。管理处代管的溧阳城市防洪工程基本包围了整个溧阳主城区,是该市的大包围、大控制工程。7月26日晚,"烟花"步步紧逼,降雨量剧增,溧阳城区水位猛涨,22时,管理处溧阳城市防洪项目部接到市防指指令,新区枢纽投入开机运行,标志着溧阳城市防洪工程抗击台风的战斗正式打响。现场项目负责人戴春祥带领党员徐利东冒着狂风暴雨,靠前指挥在站点之间,汗雨湿透了衣服;党员、技术骨干汤国庆充分发挥自身的专业优势,不仅参加运行值班,还做好设备设施的巡视检查工作,及时消除运行过程中出现的问题,不分昼夜;党员陈捷、翟继承是部队转业军人,他们发扬军人"一不怕苦,二不怕死"的精神,顶着暴风骤雨清除缠绕在拦污栅上的垃圾,赤膊上阵;入党积极分子韩猛、年轻职工胡潇更是独当一面,大有与"烟花"决一雌雄的气概,日夜值守。截至7月29日凌晨02:45,新村、新区、窑头、蒋家荡枢纽16台机组全部安全投入运行,累计运行470台时,排泄城市涝水1 503.5万立方米。

消"烟花"湮灭,除扬城内涝。为保持扬州城市(镇)低水位运行,享有"城市安全第一泵站"之称的瓜洲泵站,于7月26日06:00顺利开启3台机组,预降内河水位。随着降雨量增大,26日22:00,6台机组全部开启,以240立方米每秒的流量满负荷抽排涝水。暴涨的河水,大流量排涝,大量的垃圾随涝水冲至引水河道清污机前,导致多台清污机多次过负荷链条断裂,皮带输送机也无法正常运转;而进水池的大量垃圾也直接导致技术供水泵堵塞。故障如果不及时排除,将会影响机组安全和运行效率。时间、速度、安全,缺一不可! 在确保机组安全运转的前提下,现场项目负责人陈阳迅即组织人员进行抢修,泵站机组在较短时间内恢复正常运行。

　　古运河口门扬州闸枢纽及沿山河沿线闸站承担着主城区的控水、排水、保水、活水工作。7 月 28 日夜,暴雨如注,扬州城西部丘陵地区的洪水不断汇集到沿山河,水位突涨。23:15,徐贵龙、张建扬两位老职工接到关闭四望亭闸和明月湖闸的指令。雨连着天和地,路面上的积水愈发严重,他们从平山堂泵站出发,凭着对沿途交通的日常记忆,他们蹚过齐膝深的路段,互相搀扶着,深一脚浅一脚地赶往目的地。再回到平山堂泵站控制室,已是子夜,两人脱下淋透的衣服,稍作休息,又准备下一轮的巡查。在沿山河西闸站的控制室内,党员陈冬一边紧盯着大屏幕上的水位,一边每隔 10 分钟报告一次工情、水情信息。凌晨 04:30,稍作休整的徐贵龙、张建扬又一路巡查到了西闸站。此时,上下游水位组合已能满足闸门出水运行的要求,3 人一起配合,按操作规程,完成限位调整、上下游观察、现场操作、记录等步骤。此时,东方已是晨光熹微。

　　此次台风"烟花"过境扬州,瓜洲泵站排涝 3 400 万立方米,润扬河闸累计泄洪 4 500 万立方米。这一串数据是江都水利枢纽逆风者用辛勤的汗水创造的,风里来、雨里去,没有豪言壮语,有的只是无声的宣言:促一方平安,保江河安澜!

"让党旗在防汛救火一线高高飘扬。"江苏省江都水利工程管理处把动员和组织党员参与防汛防洪工作作为践行伟大建党精神的实际举措,融入"我为群众办实事"的实践活动,号召党员充分发扬"我是党员我先上"的优良作风,到防汛防洪工作最吃紧、人民群众最需要的地方去,切实做到哪里任务险重,哪里就有党的组织;哪里有困难隐患,哪里就有党员冲锋在前。以实际行动让党旗在防汛防洪第一线高高飘扬,真正筑牢工程安全运行的"钢铁长城"和防汛工作的"铜墙铁壁"。

（撰稿人:夏炎、严爽、李彤、陈雅欣）